きちんと知りたい!

ドローンメカニズムの基礎知識

170点の図とイラストでドローンのしくみの「なぜ?」がわかる!

鈴木真二［監修］
Suzuki Shinji
（一社）日本UAS産業振興協議会［編］

日刊工業新聞社

はじめに

2018年韓国・平昌オリンピックにおいて、1218台のドローンが五輪の輪を描き、また、スノーボーダーの動きを巧みに表現しました。実際には、開会式ではなく前年12月に撮影された動画が配信されたとのことですが、LEDで発光するドローンが素晴らしい表現をしました。しかも、すべてのドローンはインテル社の「Shooting Star」と呼ばれるコンピューターシステムで集中制御され、1人のオペレーターの指令によって操作されていました。ドローンの限りない可能性を示すイベントだったと言えるでしょう。

日本では、2015年11月に、安倍首相が「早ければ3年以内に小型無人機（ドローン）を使った荷物配送を可能にする」と発言したことを契機に、翌12月には「小型無人機に係る環境整備に向けた官民協議会」が設置され、ドローン活用の議論が定期的に行われています。2015年4月に首相官邸で不審なドローンが落下していることが発見され、一挙にドローンの規制が強化されたのですが、強化だけではなく、産業育成、利用拡大による利便性の向上を政府が目指したものでした。2018年は、安倍首相の発言した3年後にちょうど相当します。ドローンにとっては重要な年になるはずです。

ドローンという言葉は、第二次大戦時に標的機「ターゲット・ドローン」という無人航空機として使用されることに端を発します。ターゲット・ドローンは現代でも各国で利用されていますが、現在、ドローンとして普及したマルチコプターはまったく別物と言えます。複数のプロペラを回転させ、浮上するアイデア自体は古く、有人ヘリのプロトタイプとして1920年代に離陸に成功しています。ただし、その方式は、有人飛行としては効率が悪く、有人ヘリは大きなローターを回転させる方式で現在に至っています。電動モーターでプロペラを回転させて飛行する現在のドローンが最初に市販されたのは日本からであったと認識されています。日本のキーエンス社は、1989年に「ジャイロソーサー」という玩具としてのドローンを開発しました。半導体ジャイロではなくメカ的な精密小型ジャイロと、リチウムポリマーバッテリーではなくニッカド電池という当時の技術でした。まさにドローンでしたが、時代が早すぎたというべきでしょう。現在のドローンのブームは、フランスのパロット社の「AR Drone」というやはり玩具によりもたらされました。スマートフォンやタブレットなどの技術を利用したことが成功の要因でした。

玩具として世に出たドローンですが、その後、中国のDJI社などがカメラを搭載した「空飛ぶカメラ」というべきドローンを販売し、産業用にも利用されるようになり、さらには、警備や物流に活用が始まっています。日本では、遠隔操作の無人ヘリコプターが農薬散布用に1990年代から使用されており、ドローンの農業利用も始まっています。こうした状況の中、ドローンの産業利用を促進させるためにJUIDA（一般社団法人　日本UAS産業振興協議会）が2014年に誕生しました。JUIDAの活動は、ドローン関係者の情報交換、安全ガイドラインの策定、試験飛行場の開設などから始まり、現在は、ドローンの操縦法、基礎知識、安全管理手法を学ぶJUIDA認定スクール制度を発足させ、技能と知識を備えた人材養成を全国で行っています。

本書は、2016年にドローンの入門書として「トコトンやさしいドローンの本」（日刊工業新聞）の続編として、ドローンに関係するさまざまな疑問をより詳しく解説するために企画しました。現在、ドローンの活用に向け、政府での制度整備も進められていますが、その整備には、複数の省庁が複雑に関連しています。ドローンの関連する分野の広さを物語っていると言える。ドローンは玩具として誕生した比較的コンパクトなシステムですが、その利用まで考えますと、さまざまな分野に関連しています。その全貌の理解が進めば幸いです。

2018年6月

一般社団法人 日本UAS産業振興協議会 理事長　鈴木 真二

きちんと知りたい！ドローンメカニズムの基礎知識

CONTENTS

第3章 ドローンのメカニズム<上級編> 3

第4章
ドローンの操縦と飛行メカニズム
4

第5章 安全な飛行のためのメカニズム

5

第6章 ドローンを仕事にしよう

6

第1章

ドローンとは？

なぜドローンと呼ばれるようになった？

複数のプロペラを高速で回転させて飛行するマルチコプターは蜂の羽音のような音を立てて飛び、オス蜂（ドローン）という名に相応しいのですが、ドローンの命名の起源は別にあります。

ドローン（Drone）とはオスの蜂のことを指す英語です。複数のプロペラを高速回転させて飛行する電動のマルチコプターが飛行する際に発する音は大きな蜂の羽音のようであり、ドローンとは的を射た命名と言えます。ただし、ドローンと呼ばれるようになった経緯は別にあるようです。

1930年代、無線技術の発達により遠隔操縦で飛行機を操縦できるようになり、英国では有人の複葉練習機（デハビランド・タイガーモス）を無人機に改造し、これを標的機として1935年に開発しました。地上からの射撃練習を行う際に標的として飛ばす飛行機です。実際には機体から幕を垂らし、それを標的として射撃練習したのですが、間違って機体に当たっても無人機であれば安心です。これを見学した米国高官は、自国でもこうした機体の開発の必要性を痛感し、帰国後に自国での開発を指示しました。

米国で最初に採用された機体は、1940年代に開発されたRadioplane社の無人機で、ターゲット・ドローンと命名されました。英国の標的無人機は「Queen Bee」（女王蜂）と呼ばれていたことに敬意を表し、米国ではオス蜂を意味するドローンを採用したと言われています。

Radioplane社は英国出身のハリウッド俳優レジナルド・デニーが興した会社でした。デニーは遠隔操作の模型飛行機を飛ばすのが趣味であり、ハリウッドに模型飛行機の店も構えていました。これに米国陸軍が目をつけて開発をもちかけたのです。水平対向のエンジンを搭載した模型飛行機はカタパルトから発射され、操作箱のスティックにより操縦され、パラシュートで回収されるものでした。ここで作業員として働いていた女性に、のちに女優マリリン・モンローとなるノーマ・ジーン・ベーカーがいました。戦時中に陸軍の広報誌に彼女の写真が掲載されたことがモデルとなるきっかけとなり、その後、女優としてデビューしたのです。

ターゲット・ドローンは戦時中に1万機近く製造され、現在に至るまで各国で使用されています。我が国でもジェットエンジンを搭載したターゲット・ドローンが製造され自衛隊で使用されています。

チャーチルと英国で開発された無人標的機「Queen Bee」

アメリカ軍で開発されたターゲット・ドローン

POINT

◎ドローンは「オス蜂」を意味する英語
◎ドローンの名称の起源は米国製の標的機（ターゲット・ドローン）
◎英国製の無人標的機Queen Bee（女王蜂）に敬意を表して命名

ドローンにはどんな種類がある？

ドローンを無人航空機ととらえれば、航空機と同様にさまざまな種類が存在します。また、動力源のタイプにも、電動式、エンジン式、ジェット式があり、機体形式はハイブリッドタイプも出現しています。

ターゲット・ドローンがドローンの起源なので、ドローンは複数のプロペラで飛行するマルチコプター以外にもさまざまなタイプがあります。無人の船や潜水艦もドローンと呼ぶ場合もありますが、ここでは無人航空機をドローンと呼ぶことにします。ちょうど航空機にもさまざまな種類があるようにドローンもいくつかに分類することができます。

航空機では、浮力を利用する軽飛行機と揚力を利用する重飛行機に分類されます。軽飛行機型のドローンとして遠隔操作の飛行船があります。重飛行機は航空機では固定翼機と回転翼機に分類され、固定翼機はさらに滑空機と飛行機に分類されます。ただしドローンでは滑空機はあまり使用されていません。回転翼機は、航空機ではヘリコプターであり、多くはローターとテールローターを持つタイプですが、2つのローターを前後で反転させるタンデム式、同軸のローターを用いる同軸反転式、交差するローターを用いる交差双ローター式などがあります。ドローンにもヘリコプターはありますが、多くはローターではなくプロペラを利用したマルチコプターです。プロペラの数によってクアッドコプター(4)、ヘキサコプター(6)、オクトコプター(8)などと呼ばれます。運動の自由度が上下、前後、左右、方位変化なので4つ以上のプロペラを必要としますが、プロペラ軸を回転させることで自由度を増やした3枚プロペラの機体も存在します。ヘリコプターやマルチコプター式でも、巡行時に翼の揚力を利用するハイブリッド式も開発されており、飛行距離を延長することが可能となっています。

エンジンの型式での分類も可能で、電動モーター式、レシプロエンジン式、ロータリーエンジン式、ジェットエンジン式があります。現状のマルチコプターはほとんどが電動モーター式ですが、ヘリコプター式や固定翼式ではエンジン式も存在し、大型のドローンではジェットエンジンを使用する場合もあります。ジェットエンジンの場合でも、プロペラ駆動で推力を得るものはターボプロップ式と呼ばれています。電動モーター式では、バッテリー駆動が大多数ですが、燃料電池式、エンジンでバッテリーを充電しながら電動モーターへ電力を供給するハイブリッド型も開発されています。

固定翼無人機

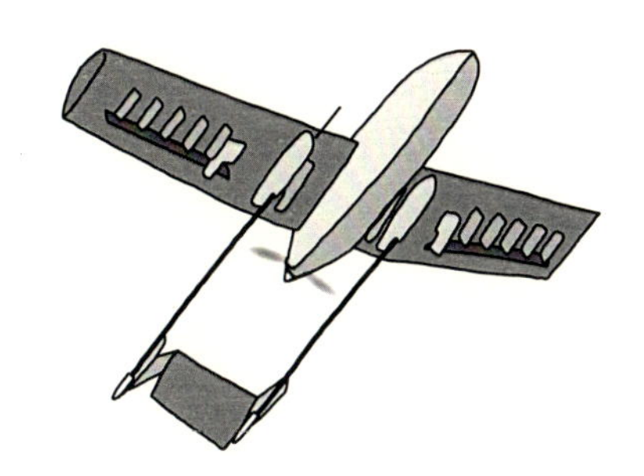

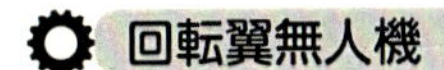

回転翼無人機

複数のプロペラで飛行するマルチコプター

POINT

◎ドローンは固定翼機と回転翼機に大別される
◎回転翼機でも複数のプロペラで飛行するマルチコプターが主流
◎マルチコプターはバッテリーによる電動機が主流

ドローンはいつごろ生まれたか？

現在、ドローンの主流であるマルチコプターはいつ頃に生まれたのでしょうか？　その歴史は100年以上にさかのぼりますが、実用化されたのは最近のことです。

ターゲット・ドローンから考えるとドローンには長い歴史があります。ここでは最近普及した電動のマルチコプターの生まれた背景を考えてみましょう。4つのプロペラで浮上するというアイデア自体は古く、例えば、1907年にフランスのジャックとリシェのブレゲー兄弟は、4つの複葉回転翼で浮上実験に成功したという記録があります。動力はガソリンエンジンでしたが、制御能力に欠け、四隅で支持されなければ飛べませんでした。最初に飛行が記録されたマルチコプターは、やはりフランスのオヒミヘンが1920年代に飛行させたものです。この機体は、単一のエンジンで駆動され、浮上用の4つのローターと、移動と制御用の8つの可変ピッチプロペラが取り付けられ、FAI（国際航空連盟）によりヘリコプターの飛行として認定されました。

その後、有人のヘリコプターの開発が進んだため、4つのプロペラを使用するマルチコプターは有人機としては実用化が進まず、1990年代に電動の玩具や研究用のキットとしてよみがえりました。いち早く登場したのは、日本のキーエンスが、1989年に開発した「ジャイロソーサー」でした。機械式のジャイロを搭載し、ニッカド電池でプロペラを回転させたので飛行時間は数分にすぎませんでした。その後、1999年にカナダのDraganfly Innovations社、2006年にドイツのMikroKopter社から電動マルチコプターが販売され研究者の間で広まりました。玩具として広く普及したのはフランスのParrot（パロット）社の「AR Drone」が2010年に発売がきっかけでした。それまでのスティックのあるコントローラーではなく、タブレットやスマホにアプリをダウンロードして、それで操作でき、しかも搭載カメラの映像を手元に映しだすこともできました。当時としては画期的な玩具です。その後、2012年には「空飛ぶカメラ」とも呼ばれた中国DJI社のPhantomシリーズが発売され、ドローンが世界的に普及しました。撮影した映像や動画をSNSでネットに掲示するという文化ともマッチしたといえます。翌年には、米国のネットニュースの著名編集者が設立した3D Robotics社からIrisが発売されました。同社の特徴はUNIXのようなオープンな開発環境を提供したことでした。ドローンの3大メーカーはこうして誕生しました。

1920年代に飛行したオヒミヘンのマルチコプター

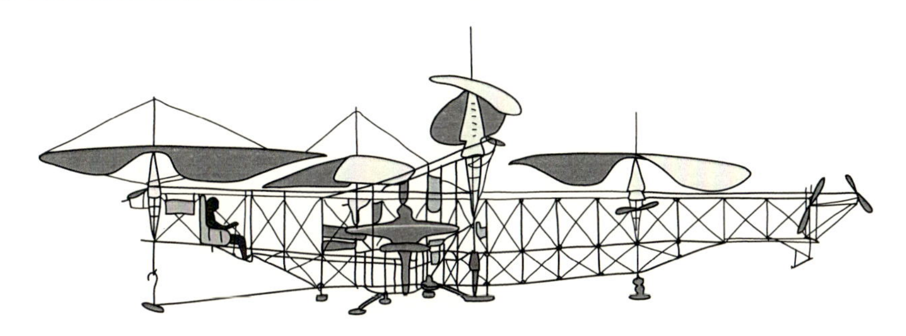

1989年に開発されたキーエンス「ジャイロソーサー」

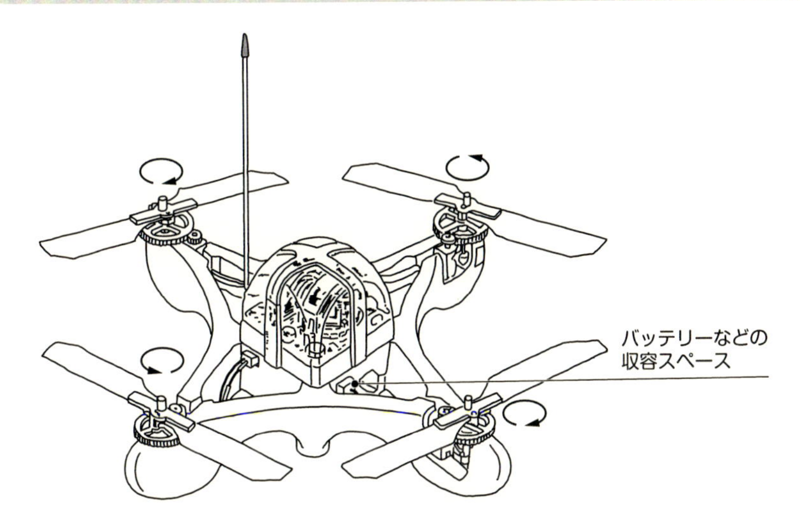

2010年発売のParrot社の「AR Drone」

POINT

◎マルチコプターの起源は20世紀初頭にまでさかのぼる
◎世界初のマルチコプターの市販は日本から
◎現在のブームはフランスから2010年に発売されたドローン玩具

ドローンはどこで作られている？

世界各国で作られているドローン。日本でも多くの企業が参入し、開発にしのぎを削っています。

民生用ドローンは現在世界60カ国以上で製造されていると言われ、機体メーカーはおそらく1000社を超えると推定されます。

技術や使用分野の展開が急速であり、安全に飛行させるルールが整備されるとさらにこれらが加速されるという現象が日常となっており、機体メーカーも新たなベンチャーの誕生や統廃合など変化が激しく正確な統計は得にくい状況です。

国別に比較すれば、民生用機体メーカーの数は中国が300社以上とトップを占め、次いで米国が2位で100社前後と推測されています。中国について少し詳細に見れば、部品製造やソフト開発などドローン製造関連産業は全国で1300社と言われており、その30%近くは深圳（しんせん）周辺に、20%近くはそれぞれ北京および上海周辺にあります。製造高ではDJI社が存在する深圳が全国の80%を占めています。

米国は軍事用ドローンの製造では圧倒的な地位を占めてきました。関連企業は3000社に及ぶと言われていますが、近年は民生用ドローンの製造が急速に活発になっています。毎年開催される米国最大の無人航空機展示会（EXPONENTIAL）において2018年の展示会では初めて民生用が軍事用を超えたと報告されています。

なお46カ国のドローンメーカー258社（2018年6月現在）を登録しているサイト（URLは次ページ参照）は世界のメーカーを探す参考になります。

民生用ドローン市場は、中国のDJI社が70%以上を寡占し、フランスのパロット社が20%弱 第3位が中国の企業で数%、残り約10%をその他の機体メーカーが占めるという状況にあると言われています。

我が国の機体メーカーは、航空法が改正される以前には約10社でしたが、法改正がなされルールができた2016年以降にその数が大きく増えて3倍以上となっています（右表参照）。このほかに部品メーカーや、ソフトウエアメーカー、機体を利用分野に最適化するインテグレータと呼ばれる事業者などがありますが、これらは広い意味でのドローンメーカーに分類できると考えられます。

世界の民生用ドローン製造メーカー

地域	国	数	地域	国	数	地域	国	数
欧州123社	オーストリア	5		ロシア	4		シンガポール	2
	ベルギー	2		スペイン	10		インド	3
	ブルガリア	1		スウェーデン	3		パキスタン	3
	クロアチア	1		スイス	6		イラン	2
	チェコ	1		トルコ	1		サウジアラビア	2
	デンマーク	3		英国	17		イスラエル	4
	エストニア	3		ウクライナ	1	北中南米71社	メキシコ	2
	フィンランド	2	アジア・オセアニア61社	オーストラリア	7		カナダ	9
	フランス	21		ニュージーランド	4		米国	50
	ドイツ	11		中国	11		アルゼンチン	2
	イタリア	5		香港	1		ブラジル	5
	ラトビア	2		韓国	4		コロンビア	1
	オランダ	5		日本	11		チリ	2
	ノルウェー	8		台湾	2	アフリカ3社	南アフリカ	2
	ポーランド	6		フィリピン	1		チュニジア	1
	ポルトガル	4		インドネシア	2			
	ルーマニア	1		マレーシア	2			

※民生用ドローン製造メーカーの詳細は以下のサイトを参照してください
http://www.uavglobal.com/commercial-uav-manufacturers

日本のドローン機体メーカー(2018年2月現在、JUIDA調べ)

(株式会社の表示省略、あいうえお順)

ORSO	金井度量衡	東光鉄工
PAUI	菊地製作所	ドローン・ドット・コム
Rapyuta Robotics	クエストコーポレーション	ナイルワークス
SUBARU	五光物流	パナソニック
TEAD	サイトテック	日立造船
アイサンテクノロジー	ジーフォース	ヒロボー
アミューズワンセルフ	島内エンジニア	フカデン
五百部商事	情報科学テクノシステム	フジ・インバック
エアロ ジーラボ	自律制御システム研究所	プロドローン
エアロセンス	スカイマティクス	マゼックス
エス・エス・ドローン	スカイロボット	ヤマハ発動機
エンルートラボ	セコム	京商
岡谷鋼機	テラドローン	日本遠隔制御
オプティム	デンソー	

POINT
◎世界60カ国以上で製造されている
◎民生用機体メーカーの数は中国が300社以上で世界1位
◎日本のメーカーは約40社

最初は何を買ってどこで練習するか？

ドローンを初めて操作する場合、練習が必要です。どのような準備・機体を用意すればよいでしょうか。

初めてドローンを購入し、練習したいとき、どんなドローンを購入しどこで練習をすればよいか悩まれる方も多いと思います。さまざまなドローンが発売されている今日においては、ドローンの選択肢も大変多くあります。手軽に飛行を楽しむには、トイドローンと呼ばれるような重量の軽い（総重量200g未満）ドローンを購入し、屋内で飛行練習を行うことも有効です。

重量の軽いトイドローンは、もし衝突しても衝撃は小さく、周辺への被害は比較的少なくてすみます。また、練習場所として室内は空気も安定しており、天候や時間の制約もなく、また航空法の規制も受けないため、誰でも手軽に飛行を楽しむことができる空間です。

また、ドローンの飛行シミュレーターのソフトウェアを購入し、パソコンなどにインストールすることで、さまざまな環境やドローンのタイプ（マルチコプター型や固定翼型）を選択し、シミュレーターで練習することもできます。シミュレーターにもさまざまな種類がありますが、一部のシミュレーターでは、ドローンを操縦する送信機（プロポ）をそのまま用いることができるソフトもあり、早くからプロポを用いた操縦感覚に慣れることができます。

ドローンの飛行の練習においては、ドローンの動きをよく確認し、自らの操縦の操作に対して、ドローンがどのように反応するのかを体感し、操作の間隔を体で覚えることが大切です。まずはドローンの向きと自分の視線の向きを同じにして、前後左右の移動や一定の高さや水平位置にホバリングで留まれるように、順を追って練習していくのがよいでしょう。

ドローンの操作に慣れてきたら、屋外でも飛ばせられるような少し大きめの機体などを購入し、屋外でかつ周囲に人や物がない開けた場所で練習するとよいでしょう。

室内でドローンを飛ばしてみよう

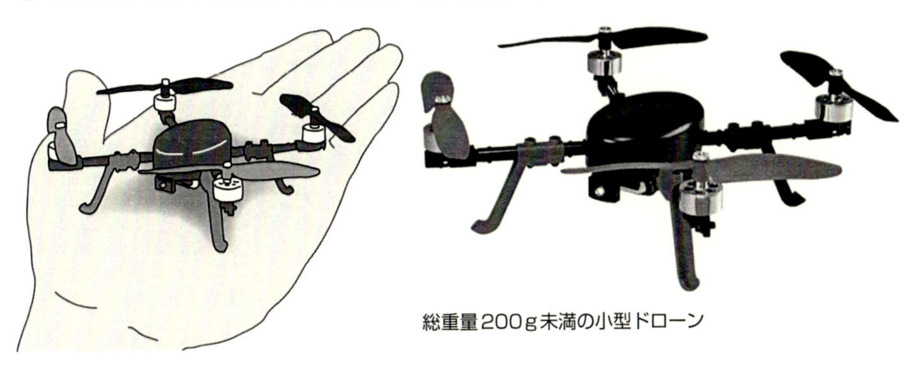

総重量200g未満の小型ドローン

手の平に乗るドローン

天井高・スペースが広い室内練習場であれば、初心者でも安心して飛ばせます

◎ドローンを始めるのに手軽なのはトイドローンやシュミレーター
◎プロポの操縦感覚に慣れることが重要
◎操作に慣れてきたら、徐々にステップアップ

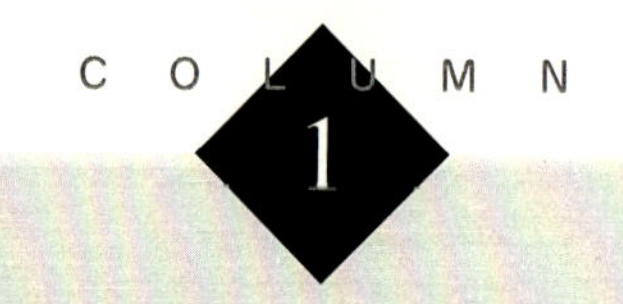

人が乗るドローン

ドローンは無人航空機のことですが、最近、人が乗って操縦できるドローンが世界各地で開発されつつあります。世界で初めて有人テスト飛行に成功したと報じられたのは、ドイツで開発されたVelocopterです。小型ヘリのような胴体に18の電動プロペラを持つ円型のフレームを取り付け、2016年3月30日に有人飛行を初めて行い成功しています。同機を開発したVelocopter社は空中タクシーのビジネスを目指しており、ドイツ自動車メーカーのダイムラーより約33億円の出資を得て、2017年10月にはドバイで飛行試験を開始しています。機体は原理的には、電動のマルチコプターであり、ヘリコプターのように垂直離着陸が可能で、最高速度は時速100km、飛行時間は30分と発表され、脱出用のパラシュートを備えています。電動なので、有人のヘリコプターよりも低騒音で、自動飛行機能もあり操縦も簡単とのことです。Velocopter社の発表では、同機はドイツのウルトラライト飛行協会から飛行認証を得たとしており、重量450kg以下のウルトラライト機（超軽量動力機）として認められたことになります。ほかにも、中国製の「億航184」なる有人ドローンも2018年に中国で有人飛行テストを行い、カナダではドローンの上に人が乗って操縦する機体も公開されています。また、アメリカではキティーホーク社がフロートを付けた水上飛行型の有人マルチコプターを飛行実験させ、日本でも有人マルチコプターが開発されています。

実は日本では、マルチコプターではありませんが、125ccの2気筒水平対向式エンジンで同軸二重反転ローターを回転させる1人乗りヘリコプターGEN H-4が開発され、750万円で販売されています。開発は松本市在住の柳澤源内氏によって行われ、アメリカにも輸出された実績があります。残念ながら、日本国内ではウルトラライト機の認証が取れていないため、飛行の際には特別な申請が必要になるそうです。最近では電動マルチコプターも出現しており、小型ヘリコプターの世界が拡大することが期待されます。

第2章

ドローンのメカニズム
＜基礎編＞

なぜプロペラは4つなのか？

ドローンの中で広く普及しているのがマルチローター型の小型無人航空機です。ローターと呼ばれる回転翼が複数つまりマルチなのでマルチローターと呼ばれてますが、なぜ4つなのでしょうか？

現在、市販のドローンのコントローラーが制御可能なプロペラの数は、だいたい4枚から8枚となっています。上図は、市販のフライトコントローラーが制御可能なプロペラのパターンを示しています。図のIY6とY6は、3角形をしているので、一見3枚プロペラに見えますが、実は反転トルクを打ち消すために、それぞれ2重反転プロペラになっているので、合計6枚のプロペラになっています。小型のドローンで最も多く使用されているのが、図のX4の4枚プロペラの配置です。4枚プロペラは、図の中で最もプロペラ枚数が少なくなる構成です。プロペラが4枚ということは、モーターも4個で、モータースピードコントローラーも4個で済みます。よく見かける小型ドローンがだいたい4枚プロペラなのは、プロペラもモーターもモーターコントローラーも4個ずつで済むことから部品点数も少なく組立も容易で故障個所が少なく経済的で最もコストがかからないためです。4枚プロペラには上図のようにI4というパターンがありますが、通常前方が開けた配置に空撮用カメラやFPV（フロントパーソンズビュー）用カメラを搭載するため、前方に突き出たプロペラが邪魔になるため、あまりこの配置は用いられていません。同じ理由で、IX8よりX8、I6よりV6がよく用いられています。

プロペラは質量のある回転体なので、回転させるとジャイロモーメントが発生します。ジャイロモーメントとは回転力と回転するものの長さを掛けた値です。回転軸回りのモーメントは、ねじりモーメントあるいはトルクと呼ばれており、ジャイロモーメントもその一つで、回転軸が空中に浮いているドローンではプロペラと反対回りに回転させようとするモーメントが発生します。これを打ち消すために、図のように各プロペラは隣り合うプロペラと逆方向に回転しています。このように交互にプロペラを逆回転させることにより、通常は反転トルクであるジャイロモーメントを打ち消して、ヨー軸回りにドローンを回転運動させるときには、この逆回転している回転数の差を制御して、ドローンの機体を回転させます。

ドローン（マルチローター）のプロペラ枚数と回転方向の関係

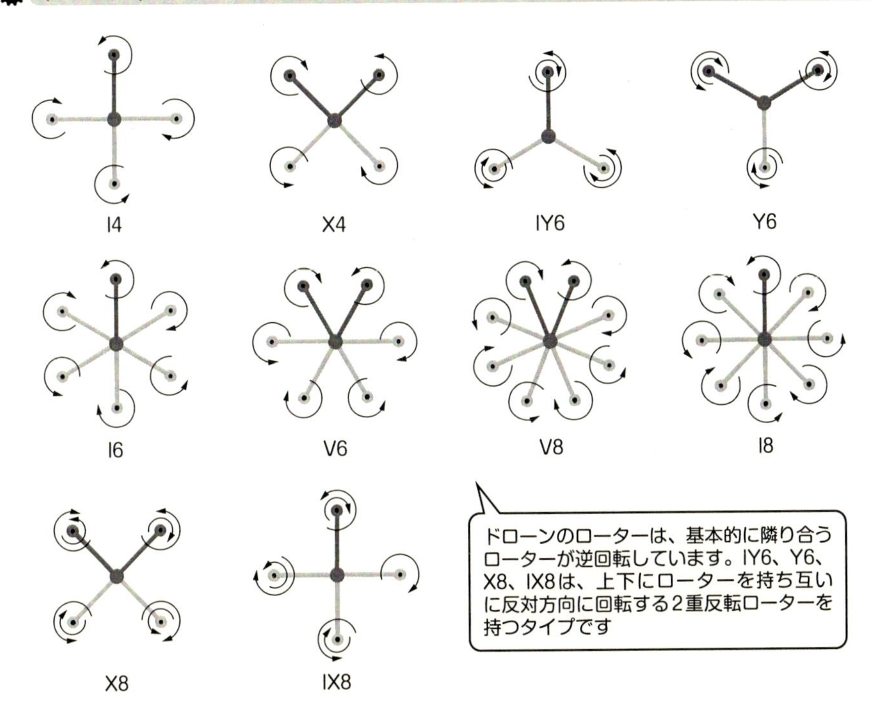

ドローンのヨー軸を回転させる運動

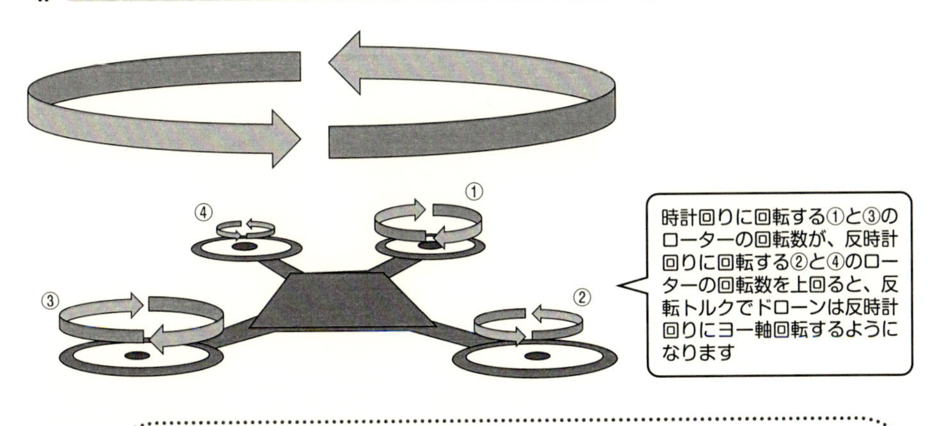

POINT
◎隣り合うローターは互いに逆回転
◎反転トルクを打ち消す
◎最小構成の4ローターが主流になりつつある

ほかの垂直離着陸機には何がある?

ドローンの中で広く普及しているマルチローター型のほかに、垂直離着陸機にはどのような形式の無人航空機があるのでしょうか。有名なところではチルトローターとテールシッターがあります。

現在、マルチローター型ドローンが最も広く普及しています。マルチローター型ドローンは垂直離着陸が可能なため、狭いところで使用することが可能であるところがその要因の一つです。ほかにも垂直離着陸機はあります。有人航空機ではおなじみのシングルローター型回転翼機（ヘリコプター）もその一つですが、マルチローター型も含めて、回転翼型の垂直離着陸機は、飛行時間が短いため、最近、固定翼と回転翼を組み合わせた垂直離着陸機が開発されています。

その主なものとして、チルトローターとテールシッターがあります。

◪チルトローター

図1に米国ベル社製のイーグル・アイの例を示します。有人航空機で先に実用化されているオスプレイと同じ形式です。主翼を可動とする構造は強度と可動メカニズムを軽量小型にしなければならない設計が要求されるため、米国のオスプレイのように主翼を動かさずにローターのみを可動とする設計が現在主流となっています。

日本で主翼を可動にする試みは、クワッドチルトウイング（QTW）の開発としてJAXAと静岡県が取り組んでいます（図2）。このQTWでは、チルト角を0度から90度まで連続的に変化させながら、どの角度でも飛行可能なことが明らかになっています。ただ、中間角においてはその飛行可能な条件が狭くなっていることもわかってきました。

◪テールシッター

主翼やローターなどを一切変形させることなく垂直離着陸ができれば、効率的であることから、ロケットのように垂直に飛び立って、空中で水平飛行に移行する垂直離着陸機が有人機では1950年頃から実験されています。これをドローンのテールシッター型にしたものが、図3のように米国エアロエンバイロメント社で開発されています。

ドローン(チルトローター)の例(ベル社製イーグル・アイ)(図1)

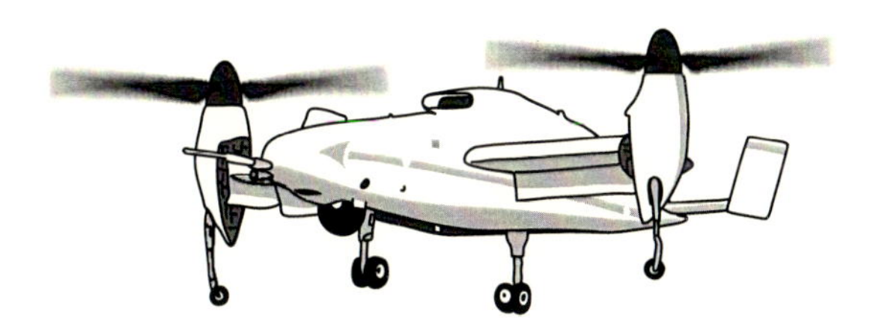

有人航空機のオスプレイと同じ形式で、主翼は固定でエンジンナセルのみ90度回転するタイプ

JAXAのQTW実験機(図2)

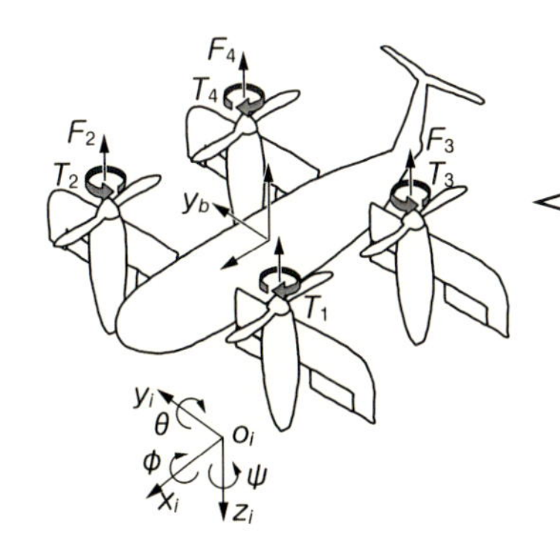

プロペラは前後2枚の主翼に固定され、主翼ごと90度回転するタイプ

テールシッター型ドローンの例(エアロバイロメント社製Quantix)(図3)

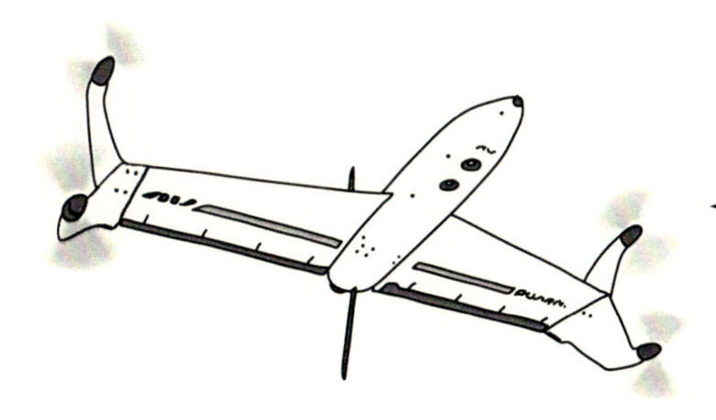

プロペラも主翼も固定で、可動部分はなく、機体全体の姿勢が90度回転するタイプ

POINT

◎チルトローターは、ローターが垂直から水平に動くタイプ
◎テールシッターは、機体全体ごと垂直から水平に姿勢を変化させて垂直離着陸を実現するタイプ

スマホで操縦ができる?

ドローンの操縦装置や表示装置としてスマートフォンが最近広く利用されています。そんなに簡単にスマホで操縦ってできるのでしょうか?

スマホの特徴とドローンとの相性はとても良いと言っていいでしょう。

ドローンも、IoT（Internet of Things）の一員であることは、社会的に認められていますが、そのインターネットの玄関口として最も普及しているのがスマホです。スマホの普及率の高さは、インターネットへの容易なアクセスを可能にするので、ドローンとインターネットを繋ぐデバイスとして、スマホはしばしば利用されます。特に、空撮などの画像や動画を取得してから、インターネットに掲載するプロセスは、スマホを使用するとすべてが網羅されますので、ドローンで撮影した動画や静止画を掲載するサイトなどが、現在世界中にあります。スマホでドローンを操縦するメリットは、次の通りです。

・直感的に操作可能で、ロックの機能も盛り込みやすい
・WiFiを使って画像伝送などがしやすい
・インターネットに接続して画像アップロードやアップデートができる
・バッテリー残量などのドローンの機体情報をわかりやすく表示できる

まだまだメリットはありそうですが、逆に、ドローンのコントロールが高度に自律的になっていなければ実現しません。例えば、高度コントロールですが、スマホからローターの回転数を直接制御するスロットル方式ですと、非常に繊細な入力が必要となり、スマホの画面のタッチやスワイプといった操作だけでは操縦が困難です。しかし、ドローンの操縦を速度制御にしてやるとスマホで簡単に操作することが可能になります。速度制御とは、例えば高度コントロールですと、指令はスロットルではなく、上にこれくらいの速度で移動、下にこれくらいの速度で移動という速度指令にするのです。何もしないと速度ゼロなので、その高度を自動的に維持しようとします。同様に左右や回転の制御もに速度制御とすると、スマホで操縦できるようになります。また、地図上に通過目標地点を設定して自動飛行を行うウェイポイント飛行においても、インターネットから地図や航空写真を呼び出せるスマホを使用すると非常に便利になります。将来、自律制御や地図情報処理、WiFiなどの無線通信のほかに、UTMと呼ばれる管制システムがスマホから使えるようになっていくでしょう。

スカイピクセル

スカイピクセルは、ドローンの空撮映像のプラットフォームで、世界中からドローンの空撮映像がアップされます。

ドローン画像サイト(トラベルbyドローン)

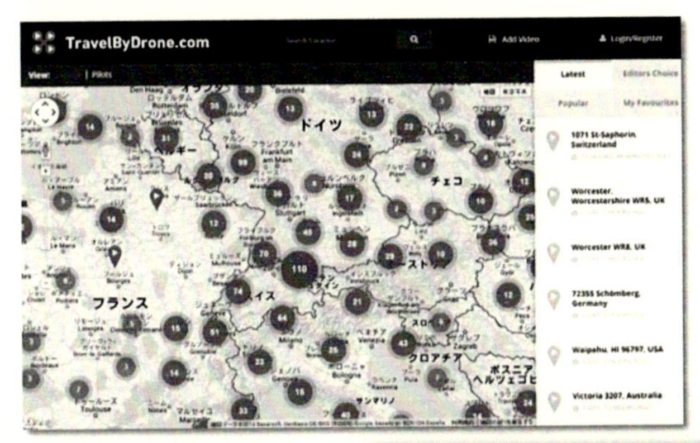

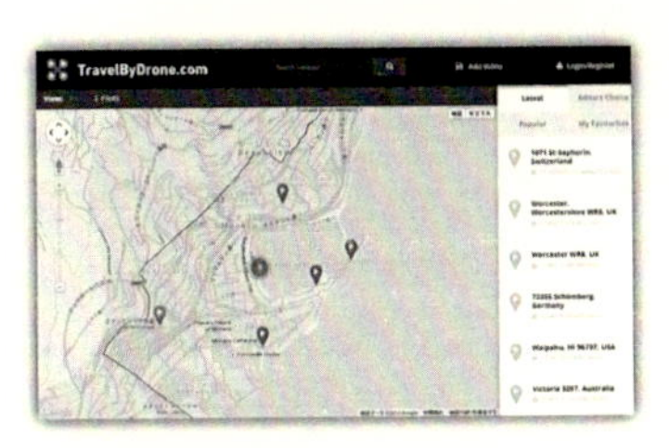

左の地図上の場所でドローンにより撮影された画像が右の画像というように表示されます。

POINT

◎インターネットと繋がるメリット
◎ドローンとスマホの間のWiFi無線通信のメリット
◎将来のUTM(Unmanned Traffic Management)システムとの接続端末

プロポには種類がある?

プロポには大きく4つのモードがあり、それぞれ機能に合わせた理由があります。

プロポとは、プロポーショナルの略語で、オンオフの遠隔操作（簡単なリモコンなど）と区別するために、スティックを倒した量に比例（プロポーショナル）してサーボの動作量が変化する遠隔操作をする機器をプロポと呼ばれるようになったようです。

◩プロポの構成

プロポは、図1のように左右両手の指でスティックを左右上下に倒して操作することにより、操作量を指令値としてドローンにインプットします。通常はプロポの筐体も手で保持しながらスティックを動かすために、親指でスティックを操作しますが、より繊細な操作が必要なときは、プロポを首から下げたヒモで吊るして保持し、人差し指と親指でスティックをつまんで操作したりします。

ドローンが登場する以前は、プロポはプロポーショナルで繊細な動きを操作するための道具でしたので、そのための進化を遂げた道具なのです。

◩プロポのモードの種類

高度に自動化が進んだドローンの登場により、プロポの役割は、プロポーショナルで繊細な動きをドローンに伝えることから、操縦者の意思を伝える道具に変化しつつあります。例えば、初期にドローンやシングルローターヘリコプターは、右の上下スティックが高度制御用スロットル操作用でした。それはちょうど、図2のモード1に対応します。モード1では、右利きの人が最も繊細なコントロールができる右スティックの上下に、上下方向つまり高度を変化させるスロットルのコントロールを割り当てています。

繊細なコントロールが要求される理由は、高度方向は重力に引かれているため、リニアな動きではなく、2次関数的に変化するからです。ところが、最近のドローンは上下方向の高度制御にも速度制御ができるようにまで進化しました。つまり、コンピュータ制御により繊細な操作が不要になったのです。高度一定で使用することの多い最近のドローンは、上下操作を左のスティックに追いやり、面内での前後左右の移動に右手を割り当てるモード2が主流になったのです。

プロポの構造(図1)

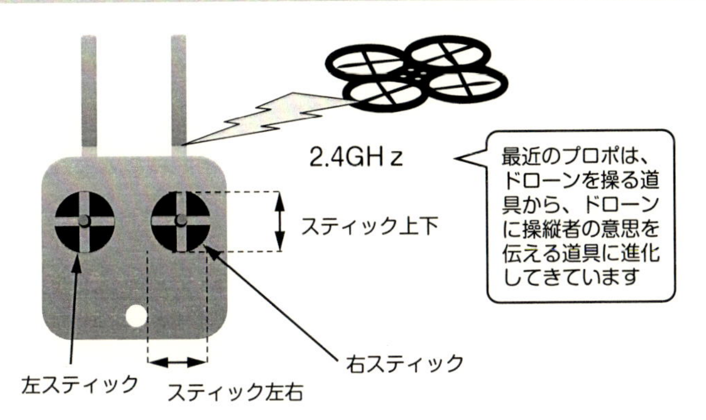

プロポのモードの種類(図2)

【モード1】	スティック上下	スティック左右
左スティック	ピッチ(前進後退)	ラダー(ヨー回転)
右スティック	スロットル(上下)	ロール(左進右進)

【モード2】	スティック上下	スティック左右
左スティック	スロットル(上下)	ラダー(ヨー回転)
右スティック	ピッチ(前進後退)	ロール(左進右進)

【モード3】	スティック上下	スティック左右
左スティック	ピッチ(前進後退)	ロール(左進右進)
右スティック	スロットル(上下)	ラダー(ヨー回転)

【モード4】	スティック上下	スティック左右
左スティック	スロットル(上下)	ロール(左進右進)
右スティック	ピッチ(前進後退)	ラダー(ヨー回転)

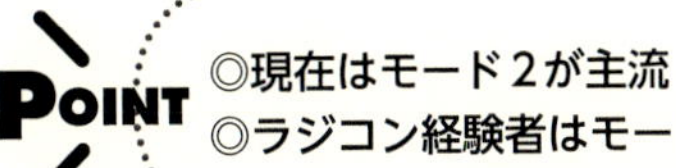

◎現在はモード2が主流
◎ラジコン経験者はモード1を使用していることがあるので要注意

無線の仕組みとは?

無線の仕組みは電波技術の進化の歴史でもあります。無線の仕組みを見ていきましょう。

無線の仕組みを理解することは遠隔移動するドローンにとって非常に重要です。電波による無線通信の発達は、通信品質S/N比（ノイズシグナルレシオ）を上げるための変調方式の開発に始まり、妨害や傍受を回避する技術と大容量通信においても時間遅延や通信品質を確保する開発を経て、時分割多元接続通信（TDMA)、符号分割多元接続通信（CDMA）などの無線通信技術が開発され、携帯電話などで使用されるようになり、その技術がドローンの無線にも使用されています。

◩SS方式(スペクトル拡散方式)

スペクトル拡散方式は、無線妨害や傍受を防ぐ軍事技術として開発されたものですが､ノイズに強く傍受されにくいので､ドローンの無線にも使用されています（図1)。SS変調方式には、直接拡散（DS）方式（Direct Sequence System）と、周波数ホッピング（FH）方式（Frequency Hopping System）があります。

直接拡散方式では、図2のようにピーク状のスペクトルを持つ無線信号を広い周波数帯域に拡散させて送信します。すると途中で図2の濃い色で示した妨害信号が混ざっても、変調するときには逆に妨害信号が弱い強度で広い周波数に広がるノイズのようになります。

◩周波数ホッピング(FH)

周波数ホッピングは、受信機側と送信機側で示し合わせたホッピングパターンに合わせて周波数を高速で切り替えて通信するので、ノイズと傍受にも強い方式です。女優のヘンディ・ラマーが発明した基礎技術としても有名な方式です。

◩ダイバーシティ

2本以上のアンテナを使って複数の電波を受信し、最も強い電波を選択したり合成したりする技術をダイバーシティといい、そのアンテナをダイバーシティアンテナといいます。図3のように2本のアンテナがあるタイプは、ダイバーシティアンテナを採用しています。

スペクトル拡散（図1）

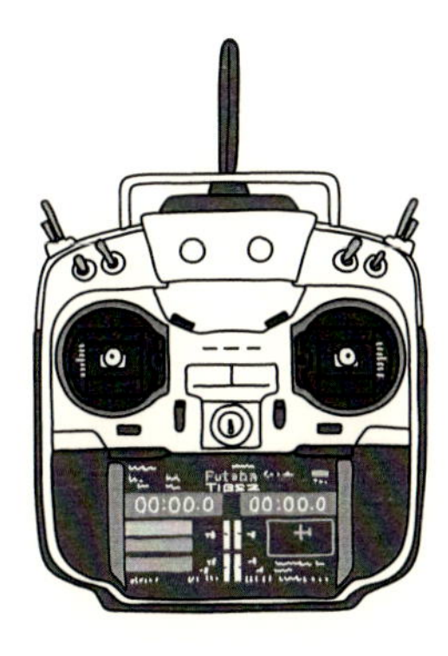

周波数ホッピングは、混信を防止する工夫の一つで、複数の周波数を受信機と送信機が同期したホッピングパターンで移り変わることにより、他の送信機の電波と区別し混信を防ぎます

スペクトル拡散変調の様子（図2）

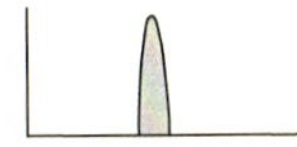

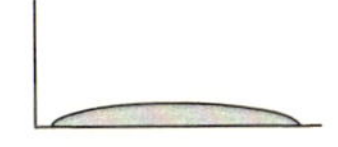

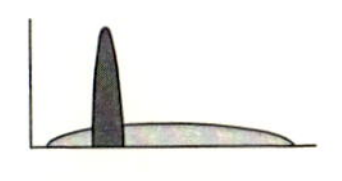

ベースバンド信号

拡散符号により拡散された信号

妨害を受けた信号 赤色が妨害信号

拡散符号により復元された信号 赤色が妨害信号

ダイバーシティアンテナ（図3）

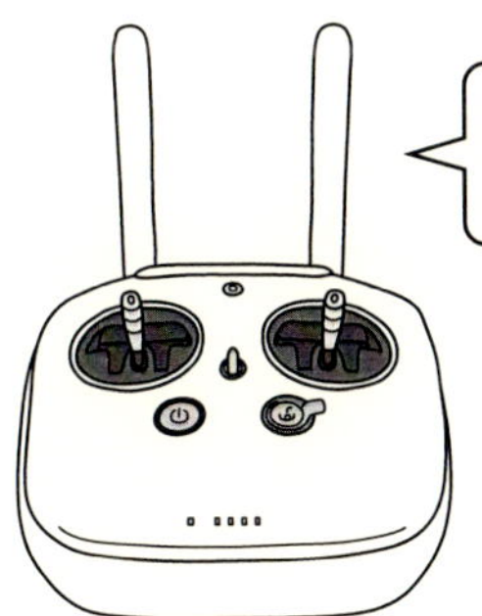

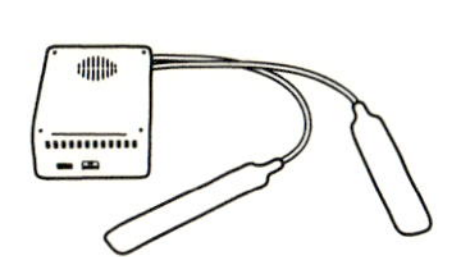

2本のアンテナが受信する電波の強度を比較したり合成したりして、信号とノイズの強度差を広げます

POINT

◎ノイズに強く、傍受や混信が起こりにくい無線方式がドローンの無線では採用されている

VRで操縦？

現在、ドローンはVRを使って空中から周りを見渡すアプリケーションに使われていますが、VRを使い頭の動きで操縦するものも現れています。

VRは、バーチャルリアリティの略で、主にコンピューターや画像表示技術を用いて仮想映像を現実の映像と重ね合せたりして、仮想映像が現実映像と同じであるような映像や環境を、人間の視覚、聴覚、触覚、嗅覚、味覚といった五感を使って作り出す技術のことです。当然、空中に浮遊するドローンは、人間の身体機能では実現できない現実なので、それを仮想体験することは人間にとって斬新な体験になるわけです。

◩ドローン操縦の仮想現実

ドローンに搭載するカメラからドローンの進行方向の映像（FPV：フロントパーソンズビュー）を元にドローンを操縦するドローンレースが世界各地で行われています。ドローンに搭載されたカメラからの映像はスピード感から迫力ある映像であったり、遠く離れた遠隔地であったりするため、現実であっても現実離れしていたりします。

これにバーチャルリアリティを組み合わせて、ドローン同士の空中戦を楽しめるシステムを構築しているアメリカのベンチャー企業があります。このベンチャー企業は、遠く離れたガスや石油のパイプラインを点検するシステムを応用して、空中戦のバーチャルリアリティのデモンストレーションを行っています。

◩運航管理システムでの仮想現実

人工衛星を用いて伝送された位置情報と地図地形情報、あらかじめ取得しておいた画像や映像を組み合わせたバーチャルリアリティを用いて、ドローンの運航状態を監視するGUI（グラフィカルユーザーインターフェイス）は、軍事用ドローンのRPAS（リモートパイロットエアクラフトシステム）の運航管理にはすでに用いられています。今後、民生用ドローンで長距離を飛行する物流ドローンなどでは、目視の代替としてヴァーチャルリアリティを利用して、目視と同等かそれ以上の安全性を備えた目視外飛行ツールが登場することが期待されています。

バーチャルリアリティを利用したドローンレース

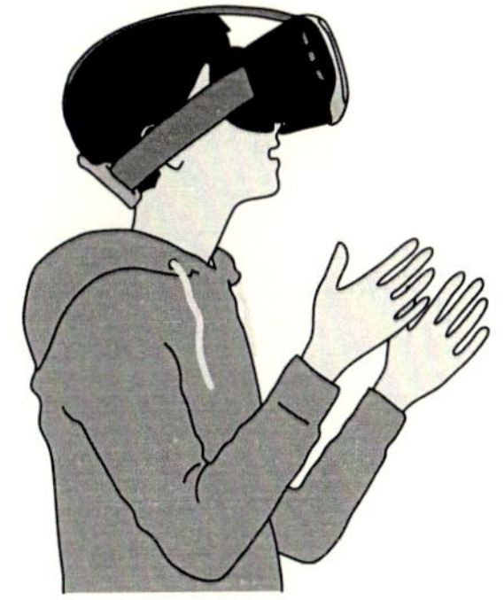

ドローンに搭載したカメラを通して、そのスピード感や疾走感を体感できる

◎バーチャルリアリティは、目視外飛行の鍵となる技術になる
◎操縦者の周囲が見えなくなる危険性がある

乾電池ではなくリポ?

軽量で大容量で瞬時に大きな電力を取り出せるリチウムイオン電池の登場で、ドローンが実用域に達しました。

◩ドローンによく使われるバッテリー

乾電池は、金属の缶でできていて、重量が重くなります。ドローンで使われるリポと呼ばれる電池は、缶ではなくラミネートフィルムが使われており、缶と比較して軽量にすることができます。ちなみに、リポと呼ばれている電池は、正式にはラミネート型リチウムイオンバッテリーという名称です。ラミネートフィルム型なのでてっきり中身はポリマーだと人々が思い込んでリチウムポリマーの略で「リポ」と呼ぶようになりました。実際は、ほとんどのリポの中身には液体電解液を使用しています。

◩リチウムイオンバッテリーの特徴

リチウムイオンバッテリーは、エネルギー密度が高い、電圧が1セル当たり3.7Vと高い、自己放電が少ない、ニッカドバッテリーなどに見られるメモリー効果がない、電解液が可燃物であるなどの特徴があります。

電極間の短絡が発火の原因となるため、ラミネート型では取扱いに注意が必要です。また発火の原因は外部からのからの損傷のみではなく、過充電による金属リチウムの析出でも電極間の短絡は発生するため、過充電には注意が必要です。特に、3Sとか6Sとかで、セル3個や6個が直列に繋がっているリチウムイオンバッテリーの場合、各セルの電圧が均一でないと、一番高い電圧のセルが過充電に陥る危険性があります。

また、劣化が進むとガスの発生によりバッテリーが膨らみます。バッテリーの劣化を防ぐには、保管時は容量60%程度で保管するなどバッテリーの充放電管理が必要です。最近のドローン専用バッテリーでは、自動的に放電して適正な容量を保持するインテリジェントバッテリーとなっている例が多く見られるようになりました。バッテリーは化学反応であるため、活性化エネルギーとなる温度は重要で、冬季屋外での使用では室温まで温めてから使用するなどの注意が必要です。

ラミネート型リチウムイオンバッテリー

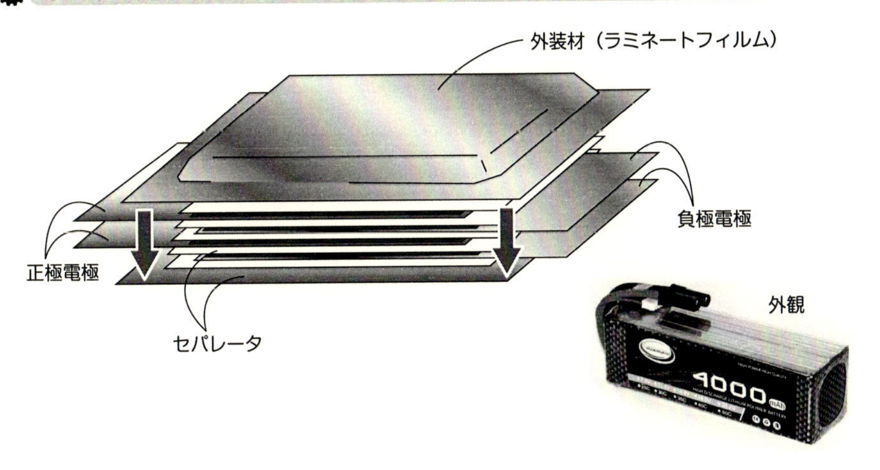

インテリジェントリチウムイオンバッテリーの例

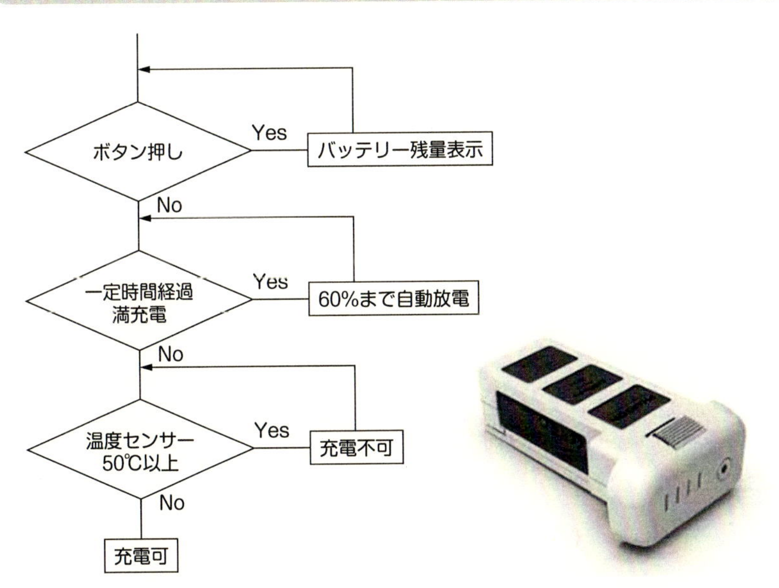

POINT
◎リポの正式名称は、ラミネート型リチウムイオンバッテリー
◎満充電状態で長期間保管しないようにしよう

2-8 モーターの仕組み

ドローンに使われるのは小型で高性能モーターです。その特徴と仕組みとはなんでしょうか？

ドローンが実用化されたのは、小型軽量で大出力のモーターが登場してきた恩恵があります。そのモーターの仕組みについて見て行きましょう。

ドローンで一般的なマルチコプターでは、プロペラ径が40mm程度以下の超小型ドローンを除き、主にブラシレスDCモーターが使用されています。プロペラ径40mm以下の超小型ドローンは、携帯電話のバイブレーターに使用するようなDCモーターをPWN（Pulse Width Modulation）制御しています。一方、ローター径が7インチ程度を超える大きさのドローンから、ブラシレスDCモーターが採用されるようになります。これは、ブラシレスDCモーターはブラシモーターと比較して、機械的接触部分が少なくモーター内部の清掃やブラシ交換が不要などメンテナンスが容易で、静音で寿命も長いためです。ただ、モーターに流す電流を制御する必要があり、ESC（エレクトリックスピードコントローラ）をドローンにモーターの個数分搭載するが必要があるため、ある程度以上の大きさのドローンからブラシレスDCモーターは使われるようになります。

ドローンによく使われるブラシレスDCモーターの構造は、中心軸がコイルになっていて、外側の筒ごと回転するアウターローター型のブラシレスDCモーターです。

外側に並ぶ磁石のほとんどは、ネオジム磁石が使われています。ネオジム磁石は1984年にアメリカのゼネラルモーターズおよび日本の住友特殊金属（現､日立金属）の佐川眞人らによって発明されました。これは、永久磁石最強の磁束密度と磁力を持ち、熱に弱いという特徴があります。表のように磁力を失う消磁点（キュリー温度）は、永久磁石の中で最も低くなっています。磁力の熱変化も大きく、加熱すると熱減磁を生じやすいので、有線給電を用いた長時間のドローンの飛行には注意が必要です。

また、通常錆びやすいためにニッケルメッキがされていますので、表面を傷つけないように注意が必要です。

三相ブラシレスDCモーター

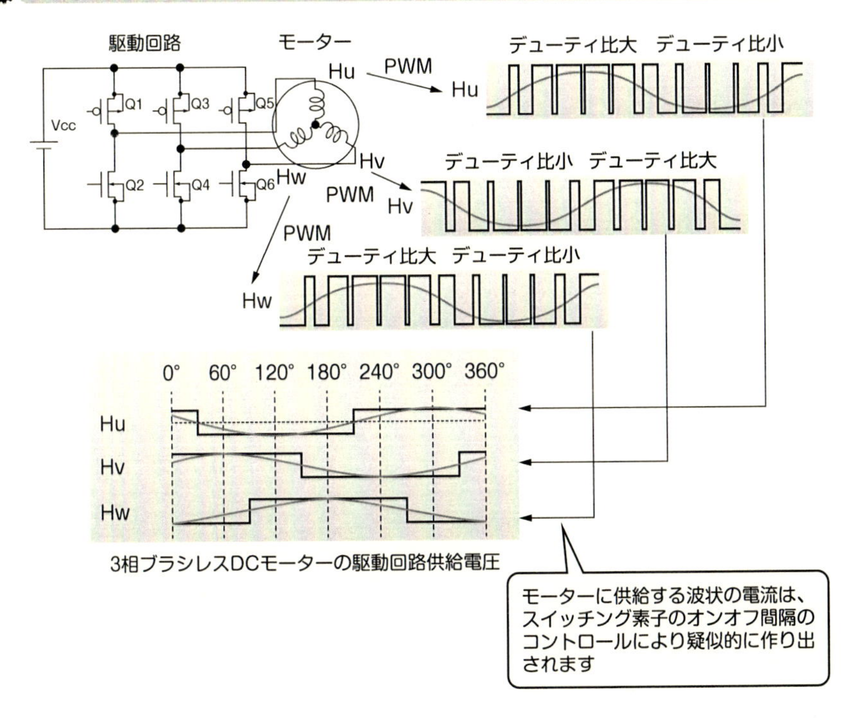

3相ブラシレスDCモーターの駆動回路供給電圧

モーターの磁石

《磁石の種類》	《キュリー温度》
フェライト磁石(異方性)	約450℃
フェライト磁石(等方性)	約450℃
アルニコ磁石	約850℃
サマリウム・コバルト磁石	約700〜800℃
ネオジム磁石	約320〜340℃

磁力は強力だが、熱に弱い

POINT

◎ブラシレスDCモーターは、メンテナンスが容易
◎ネオジム磁石は熱に弱いため、長時間高負荷でモーターを回すときには、冷却に注意しよう

便利な自動離着陸とは?

ドローンの離着陸は操縦技能が必要な操作の一つです。自動離着陸機能は、ドローンを使いやすくする優れた仕掛けです。

ドローンの中には、便利な自動離着陸機能が付いている製品があります。

ドローンの操縦は、ほかの飛行機械と比較して、自動姿勢安定制御機能やGPSによる位置制御機能、自動離着陸機能により、飛躍的に簡単になっています。ただし、これはある範囲内での話で、当然のことながら簡単に操縦できる範囲を超えると途端に難しくなります。自動離着陸機能もこの種の機能の一つで、自動離着陸に頼れる範囲であれば、非常に簡単に操縦できるようになります。

◩自動離着陸機能を支えるセンサー

自動離着陸機能は、ある程度の高度以下であれば機能するものが大半で、通常5～10mくらいの高度までをカバーしている製品が多くみられます。これは、地面との距離を計測するセンサーの性能に依存しています。通常多くみられるセンサーは、図1のビジョンポジショニングセンサーに見られるように超音波センサーと単眼カメラを組み合わせたビジョンポジショニングセンサーシステムが多くみられます。そのほかにも、レーザー測距センサーを搭載しているものもあり、自動離着陸が可能な高度も製品によってさまざまです。自動離着陸、とりわけ自動着陸が便利な理由としては、地面効果（グランドエフェクト）があります。

◩地面効果(グランドエフェクト)

ドローンは自重を持ち上げるため、またその自重の機体のバランスを取るために自重以上の推力を発生するプロペラを持ち、そのプロペラによって下向きの空気の流れが発生しています。この空気の流れが地面に当たることにより、反射や表面拡散流などが発生し、空中から着陸のために降下してきている状態と異なる環境が着陸直前に現れます。これを地面効果（グランドエフェクト）と呼んでいます。

着陸はすべて通常地面効果を考慮したうえで行う操縦ですが、自動離着陸制御には地面効果が発生する距離と発生する領域（高度）では効果速度を落として着陸するアルゴリズムが搭載されています。このため、地面との距離は重要な情報で、自動離着陸機能があるドローンには地面をセンシングするセンサーを搭載しているのです。

ビジョンポジショニングセンサー（図1）

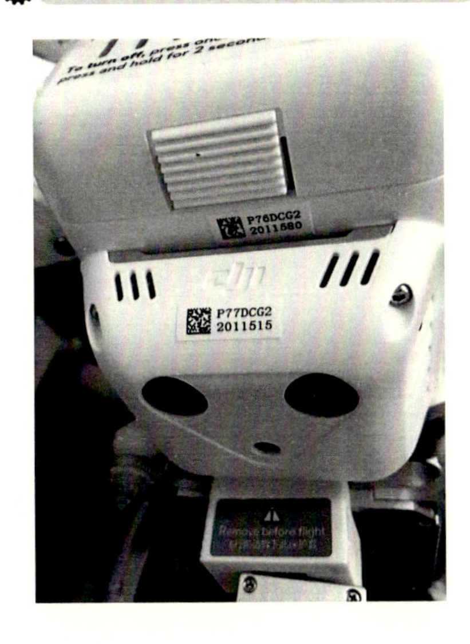

グランドエフェクト（図2）

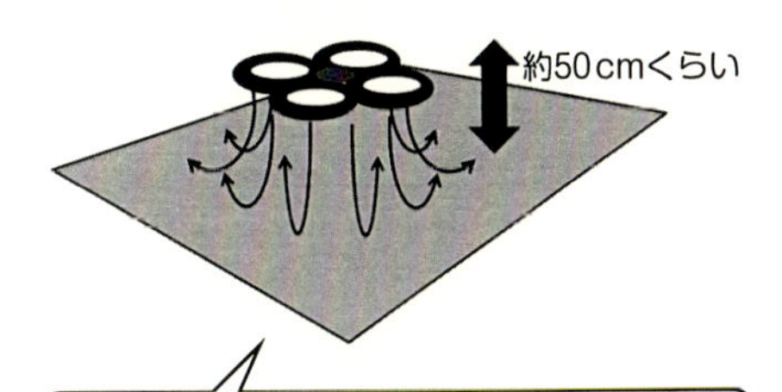

地表付近では、ドローンのローターから下向きに噴出された気流は、地面に当たるとドローンの方に向かって跳ね返ってきます

自動着陸の降下率の変化（図3）

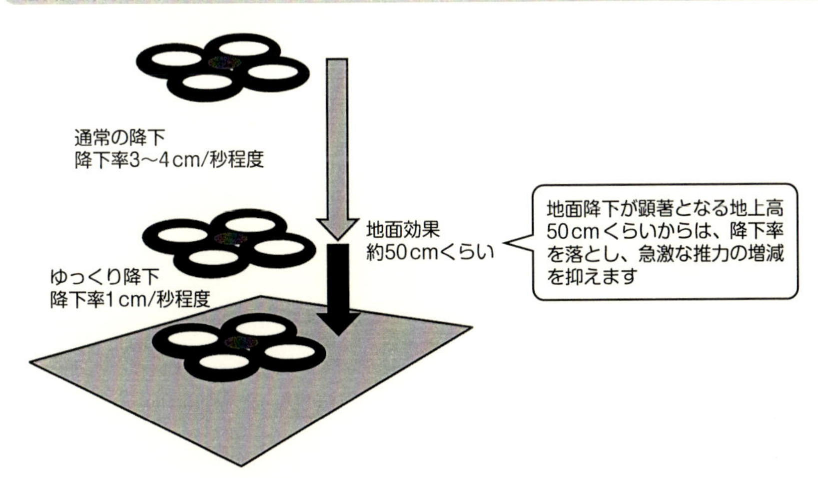

POINT

◎自動着陸には、高度と位置のセンシングが不可欠
◎グランドエフェクト（通常地面効果）を考慮した自動着陸シーケンスがポイント

飛行機タイプのメカニズムとは？

飛行機タイプのドローンには各種のものがあります。構造や特徴がそれぞれ違い、用途に応じた構造が開発されています。

固定翼の飛行機タイプのドローンは、その高効率性を活かして長距離や長時間を飛行する用途に使用されます。その高効率に飛行するメカニズムは、L/Dと呼ばれる揚力抗力比（揚抗比）を高くするメカニズムになります。

◩高アスペクト比型固定翼タイプ

固定翼飛行機のL/D（抗力揚力比）を高くするアプローチとしては、主翼のアスペクト比（縦横比）を高くして細長い翼を採用するアプローチが知られています。これは、グライダーなどの滑空機に見られるメカニズムで、翼端に発生する誘導抗力の比率を低減しL/Dが高くなります。通常の旅客機のL/Dは10程度ですが、滑空機のL/Dは20以上あり、最高性能のグライダーでは50を超える高性能なものもあります。グライダーのようにアスペクト比の高い翼を使用するとL/Dが高くなり、少ない燃料で長時間飛行することが可能になります。

軍用の偵察や監視、攻撃などの無人航空機に使用されています。また、民生用でも広域を長時間観測する気象観測や地磁気の観測、森林の監視などに使用されています。

◩固定翼無尾翼機タイプ

L/Dを向上させるもう一つのアプローチとして、空気抵抗となる尾翼をなくしてしまう無尾翼機のメカニズムがあります。発泡材製機体の超小型無尾翼ドローンは、壊れにくく取扱いも簡単なため、測量空撮用ドローンとして製品化されています。軍用では人が乗らなくなった戦闘機がこの形状になるとされ、開発が続けられています。

◩固定翼無尾翼高アスペクト比タイプ

限界まで効率を追求する太陽光発電高高度滞空型ドローンや高効率物資輸送用ドローンでは、無尾翼機でありながら高アスペクト比の主翼を持つドローンも開発されています。

マルチローター付加型ドローン

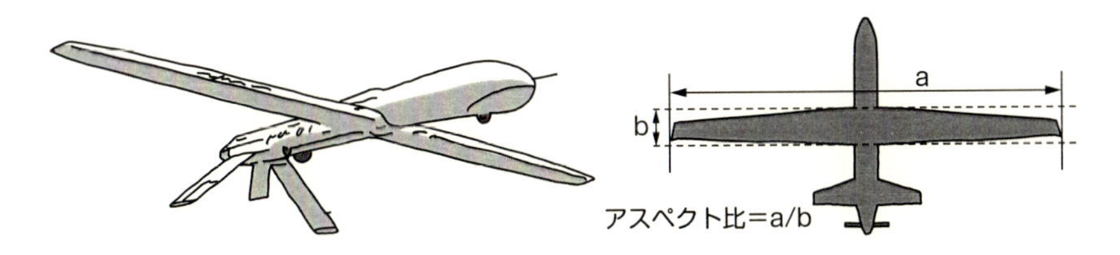

主翼のアスペクト比が高く、抗力揚力比(L/D)が高く飛行効率が良いために長時間飛行可能なことから、監視や観測の用途に使用されるタイプです。

無尾翼型固定翼ドローン

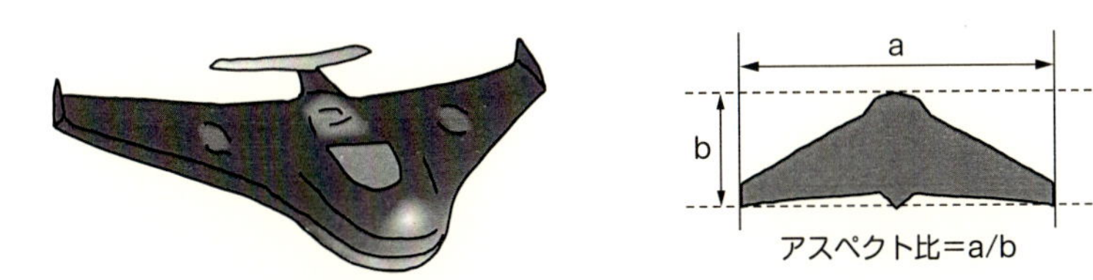

主翼のアスペクト比が低く、抗力揚力比(L/D)は低いが丈夫で胴体着陸も可能なため、小型のものが測量や空撮などの用途に使用されています。

高アスペクト比無尾翼型ドローン

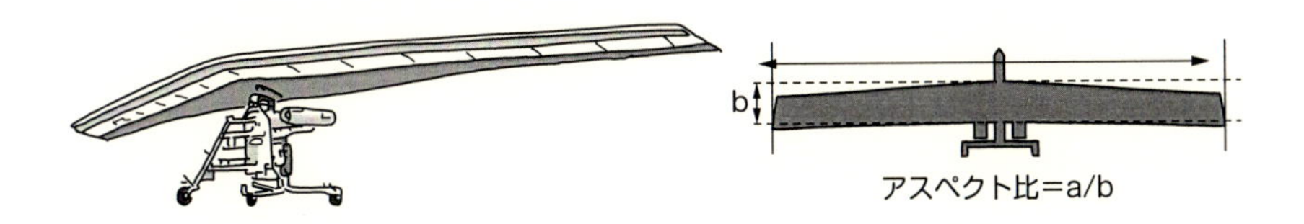

主翼のアスペクト比が高く、抗力揚力比(L/D)も高いが無尾翼で胴体を吊るす構造なため丈夫で部品点数も少ないため、物資輸送などの用途に適しています。

POINT

◎飛行機タイプのドローンは、主翼の特性で性能が決まる
◎翼の特徴として、高アスペクト比型固定翼タイプ、固定翼無尾翼機タイプ、固定翼無尾翼高アスペクト比タイプがある

ハイブリッドタイプとは?

ハイブリッドタイプとは、マルチローター型回転翼機と固定翼のハイブリッドで、回転翼機の垂直離着陸と固定翼機の長時間飛行特性を併せ持つことを目標に開発が進められています。

最近、マルチローターの垂直離着陸特性と、固定翼の高効率飛行特性を組み合わせたハイブリッドタイプのドローンの開発が進んでいます。

固定翼をベースとしたものが多くありますが、その多くは長時間飛行可能な特性を活かしつつ離着陸を狭い場所でできるようにするためにハイブリッドタイプとしています。

◩固定翼機に離着陸用マルチローターを付加型

固定翼機をベースに、垂直離着陸用のマルチローターを付加したタイプは、水平飛行の際には効率が高いが、垂直離着陸用の推進器が水平飛行中に無駄な重量となってしまうことが多くあります。

◩テールシッター型

ほぼ機体の形状を変化させることなく、垂直離着陸も水平飛行も可能な形式です。20世紀半ばにすでに有人機で研究されていましたが、操縦の難しさとパイロットの姿勢が変化してしまうことから、実用化に至りませんでした。ドローンはパイロットが乗らないので、パイロットの姿勢の問題はありませんが、操縦が難しい点は同じなので、現在世界中で挑戦が続けられています。

垂直離着陸時のプロペラのピッチと水平飛行時のプロペラのピッチは異なるために、可変ピッチプロペラが必要であったりもします。

◩推進器回転型(オスプレイ型、QTW型)

垂直離着陸時のプロペラの向きを垂直から水平に変化させるタイプの固定翼ドローンです。有人機ではオスプレイが有名ですが、オスプレイより多くの推進器を持つタイプも開発されています。主翼ごと推進器を回転させるものと、推進器だけ回転させるものがあります。

マルチローター付加型ドローン

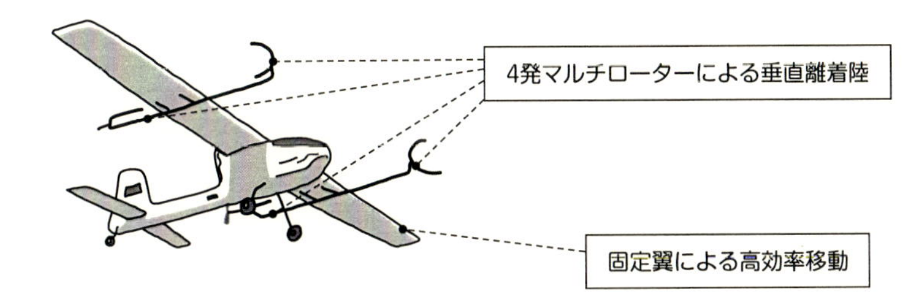

テールシッター型ドローン

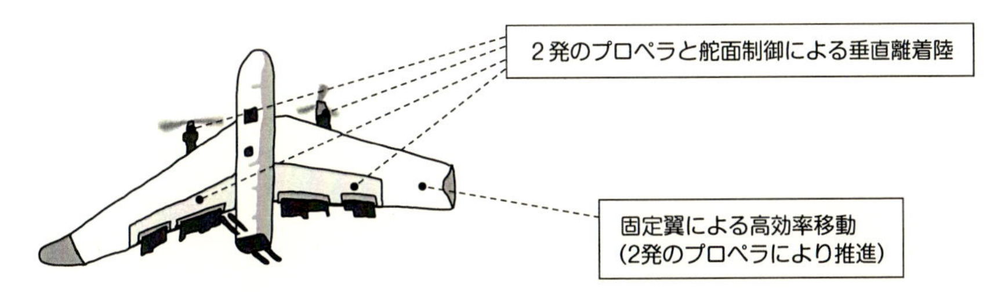

オスプレイ型、QTW型ドローン

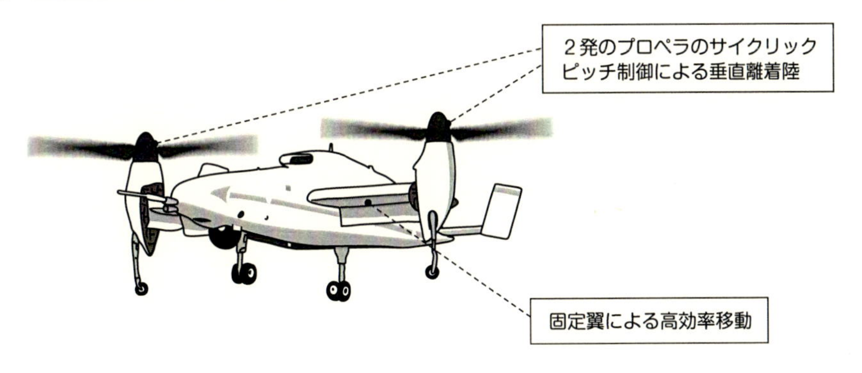

POINT

◎固定翼とマルチローターを組み合わせたハイブリッド型は、相互の長所を活かし、短所を抑制する
◎マルチローター付加型、テールシッター型、推進器回転型がある

ドローンの敵「風」に対処する仕組みは?

風はドローンの飛行を不安定にする大敵です。対処する工夫や仕組みにはどんなものがあるでしょうか?

最近のマルチローターのドローンの敵「風」に対処する仕組みはどうなっているのでしょうか。回転翼機のローターは、野外で風を受けたり、前進したりすると、ローターの回転方向によって、図1のように、その風に対して向かい風になるブレードと追い風になるブレードが生じます。その結果、向かい風となったブレードの発生する揚力は大きくなり、追い風となったブレードの発生する揚力は小さくなります。揚力がローターのブレードによって異なると、揚力が発生する場所がローターの中心軸からずれてしまいます。その結果、ローター面が傾き始めて機体の水平バランスが崩れます。ドローンが風に弱いのはこのためです。

◩ドローンの位置制御

ドローンの移動は、図2のように、機体を傾けることにより、前後左右に移動します。このため、機体を傾けると、推力は移動方向のベクトルと垂直方向のベクトルに分かれ、垂直方向の推力はホバリング時の推力になるまで瞬時に増加させなければなりません。移動を終えてある空中位置でホバリングするときも同様です。このため、応答性(レスポンス)のよい小さなローターやモーターを使って早い制御を行うことが重要で、風に流されることに対する対抗策は、流された分を素早く移動して元に戻ることの繰り返しになります。横に移動するときのドローンは機体を傾けて推力の水平方向の分力により移動します。その結果、重力方向である垂直方向の推力もまた分力となってしまうため、高度が下がります。下がる高度を一定にするために推力を上げると、水平方向の分力も上がり加速してしまいます。水平方向の加速を抑えて減速し制動することで目的の位置に到達しますが、推力の変化の応答速度を速くすることが重要になります。

つまりドローンの敵「風」に対処する仕組みとは、プロペラの回転速度を変化させる応答速度を上げるかにかかっています。もともとドローンの実用化は、回転数を変化させるモーター制御の応答速度が実用域に達したからであり、実用性能の鍵もそこが担っているというわけなのです。ただし、機体の最高速度以上の風の中では移動できない限界はあります。

固定ピッチプロペラ

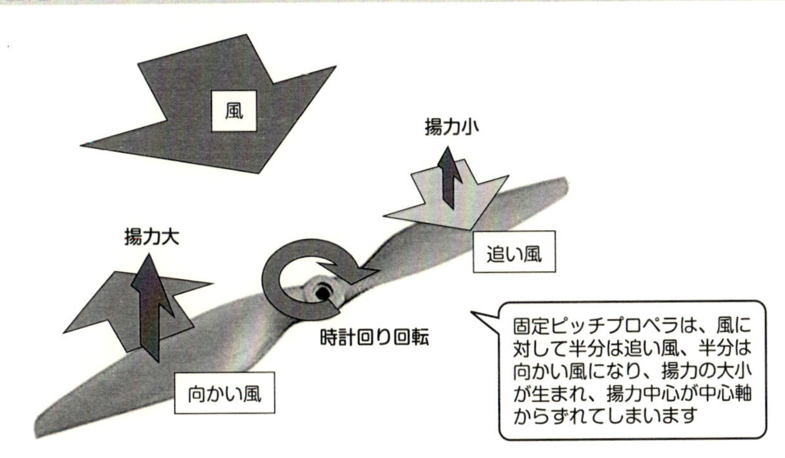

風に対抗する位置制御のレスポンス

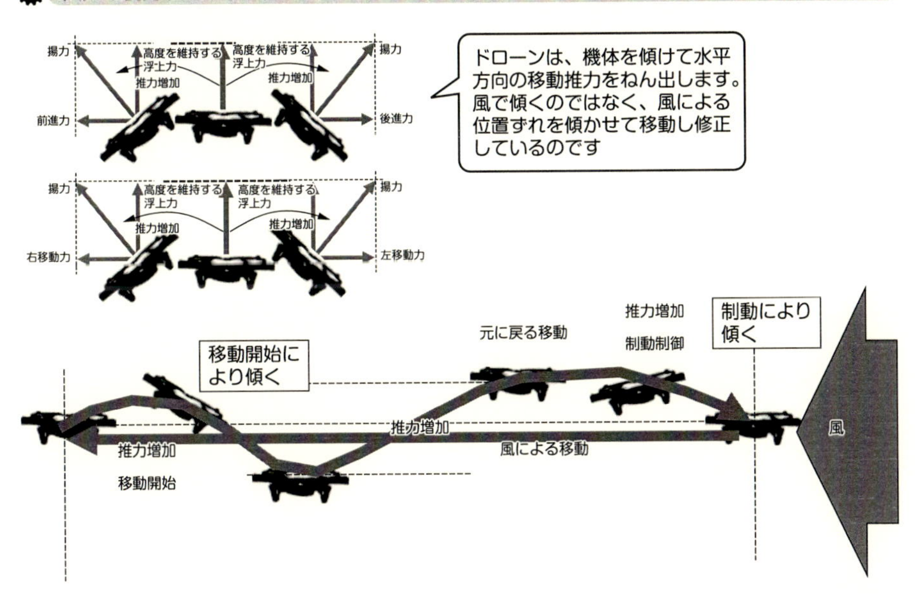

POINT
◎ドローンの敵「風」に対処するには、機体を傾けてでも果敢に位置制御を試みるアルゴリズムが必要
◎機体の最高速度以上の風の中では移動できない

ドローンを作る（1）　ドローン製作の全体像

重力に逆らって空を飛ぶ機械には、ギリギリの性能が要求されます。その製作には、修正や変更を防止するため最初から全体像考えたプロセスが必要です。

操縦や空撮などのドローンの利用だけでなく、ドローンの製作までやりたくなったら、チャレンジしてみましょう。もちろん、ドローンを作る場合、まずは小型で墜落して壊れてもすぐに直り、安全で安価なキットから始めるのがおすすめです。空を飛ぶものは、重力に逆らって自重を浮かせ続けるので、重量と強度、安全率がほかの製作物と比べてレベルが違います。ここではドローン製作の全体像を解説します。

ドローンや航空機など空を飛ぶものは自重を浮かせるために、あまり余裕のある設計ができずギリギリの設計をしています。このため、後になって不具合が生じて修正をしても重量バランスが崩れたり重量超過となったりして最後に飛行が成立しなくなることが往々にしてあります。このため、航空機の開発プロセスは図1の通り、早期から規格化されています。これは、米国のRTCA（航空無線技術委員会）が規格化したもので、ハードウェアのDO-254とソフトウェアのDO-178で構成され、開発プロセスを決めています。

図2にそのV字開発プロセスと呼ばれる開発プロセスを示します。ハードウェアもソフトウェアも最初のV字の左上の入口のところで目的を明確にします。飛行機械は制限条件が厳しいため後になって条件が変更されると飛行が成立しなくなるので、しっかり最初に定めます。次にV字の右下に下がるにしたがってシステムから要素へブレークダウンして細部まで設計していきます。

設計が終わったらV字の右上を上りながら要素パーツから全体の組立までドローンの製作を勧めます。途中不具合があったら、水平に左に移動し対応するV字の下りの設計に立ち戻り修正をします。対応する想定箇所が明確なのもV字開発プロセスの長所です。V字の右上に至れば完成です。V字開発プロセスは、ハードウェアにもソフトウェアにも使えるだけでなく、ドローンを飛行させる際の企画プランや飛行計画にも当てはまります。そのため、ドローンを製作する際の製作プランの全体像として利用し、今どの段階の製作かを位置付ける地図として有効に活用できます。

航空機の開発プロセス（図1）

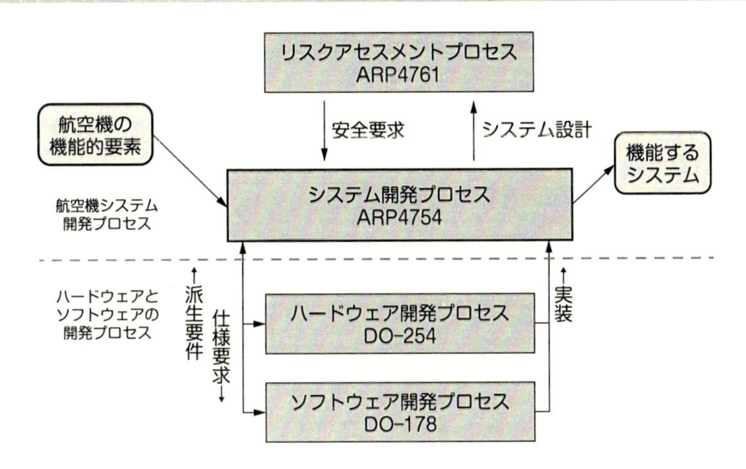

ドローン製作の全体像（図2）

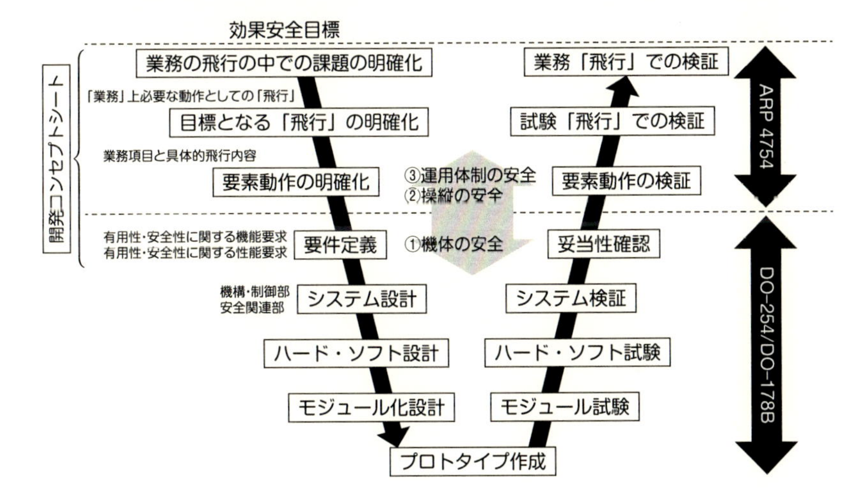

POINT

◎往々にして後戻りが効かなくなる空を飛ぶものの製作には、V字開発プロセスの考え方が有効。ハードやソフトのほかに飛行計画や飛行イベント企画にも使える便利な全体プロセス管理法

ドローンを作る（2） 何を準備すれば良いの？

ドローンを製作する全体像であるV字開発プロセスに沿って準備を進めます。要素部品から組立、動作試験、リスクアセスメントまで順を追って進めます。

ドローンの製作のために準備するものには工具なども含めるといろいろありますが、通常は電気製品の整備とちょっとした機械加工の道具があればドローンの製作が可能です。ロボットは半分電気で半分機械ですし、半分ハードウェアで半分ソフトウェアでもあります。ドローンも飛行ロボットなので準備するものも、半分電気工作で半分機械工作、半分ハードウェア製作で半分ソフトウェア製作になります。ハードウェアもソフトウェアもV字開発プロセスに沿って、要素部品から最後はリスクアセスメントまで作業を進めます。以下に、要素部品作業とリスクアセスメント作業のポイントの例を示します。

◩ハードウェア製作のポイント

ドローンの電気系統の製作のための重要な準備として、数Aから数十Aの大電流が流れるドローンのバッテリーコネクターの半田付けの道具が必要です。大電流を流すコネクタは図1のようにある程度の大きさがあるので、半田ごての熱が逃げやすいため、熱が逃げにくい木製の台や板などの上で半田付けするのがコツです。半田付けする電線には、写真のように予め半田を染み込ませておきます。

ネジ穴をあけるドリルやカーボン板をカットするカッターなどを準備すればドローンの製作が可能です。軽量化するためには、ネジを切るタップをM3あたりのサイズで揃えておくとナットが不要になり、その分軽量化できます。

◩リスクアセスメント

リスクアセスメントはドローン製作の全体像では、2-13項の図1の全体のシステム開発ARP4754の上のリスクアセスメントARP4761に相当し、V字開発プロセスでは最初に安全要求を示し、最後に安全対策としてフィードバックします。安全対策には図のように、製作者（設計者）により講じられるものと、使用者により講じられるものがあり、双方の安全対策の結果図の右に示す通り、最後は残留リスクが、社会が許容するレベルに収まるようにします。

大電流用電源コネクター

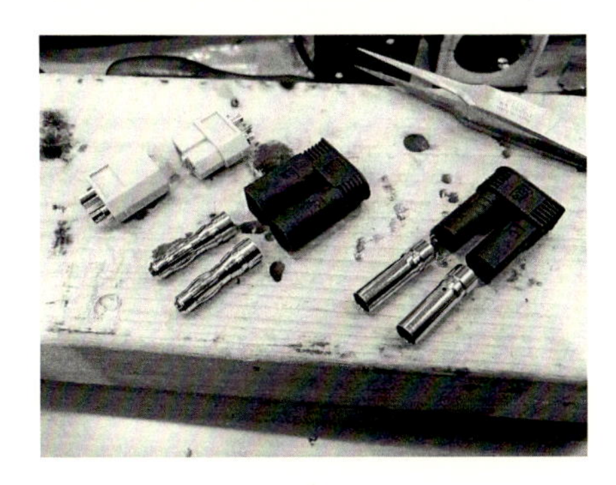

配線に半田をあらかじめ染み込ませておく

リスクアセスメント

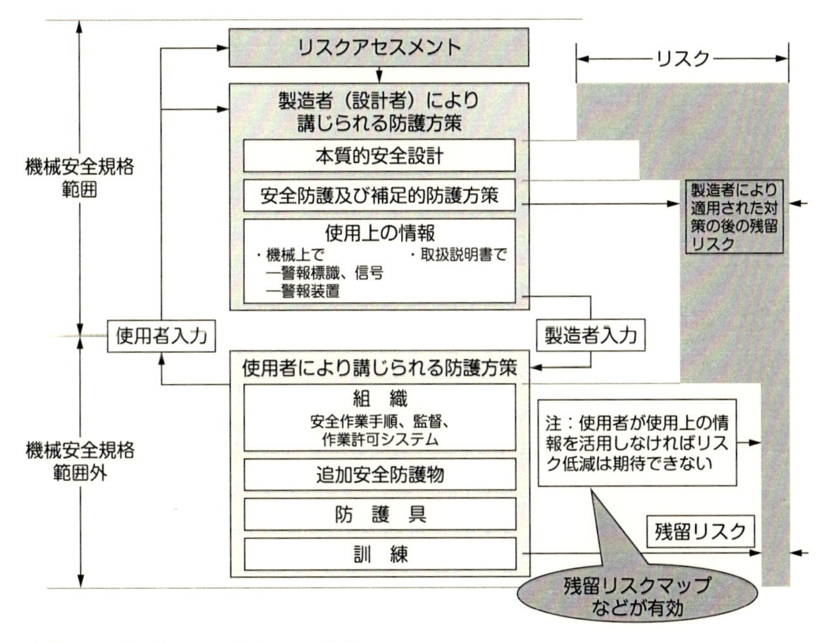

出典：ISO12100、http://robotcare.jp/

POINT
◎ドローンは大電流を用いるので、要素部品には注意が必要
◎リスクアセスメントをして安全にドローンを製作し飛行、活用しよう

ドローンを作る(3)　フライトコントローラーはどこから入手?

ドローンはその頭脳に当たるフライトコントローラーがないと飛べません。各社からフライトコントローラーが販売されています。

ドローンを作るためのフライトコントローラーは、インターネット販売で手軽に購入できます。世界のシェアの7割を占めるDJI社のフライトコントローラーを使う場合と、オープンソースのドローンコードというグループのコントローラーを使う場合との2通りが現在主流となっています。

◩DJI社のフライトコントローラー

DJI社のフライトコントローラーは、NAZAやWoo Kong、A2、N3、A3のラインナップがあります。設定もDJI社のホームページから設定ソフトをダウンロードして、USBでドローンに搭載しているフライトコントローラーと接続して、設定画面に従ってローターの数や配置、ピッチ軸、ロール軸、ヨー軸のプロポへの割り当て設定などを行っていけば完成する仕組みになっています。

◩ドローンコードのフライトコントローラー

ドローンコードのフライトコントローラーには、PX4、APM、PixHowk、NAVIO+などがあります。フライトコントローラーの設定は、Ardupilotのサイトからミッションプランナーというソフトをダウンロードして設定します。ミッションプランナーの設定画面では、ローターの数と配置を設定します。フライトコントローラーとは、図3のように画面に従ってUSBでパソコンと接続します。図4のように地図上にウェイポイントを指定した飛行経路をフライトコントローラーにロードして自動飛行を行います。

◩フライトコントローラーの電源

フライトコントローラーの電源は、ほとんどの機種で最大6セルの22.2Vまで幅広い電圧に対応していますが、急な電圧低下に備えて低い電圧からでも所定の電圧を供給できる昇圧型DC-DCコンバータを電源との間に配置すると信頼性が向上します。

ミッションプランナーの初期画面（図1）

ローター数の設定画面（図2）

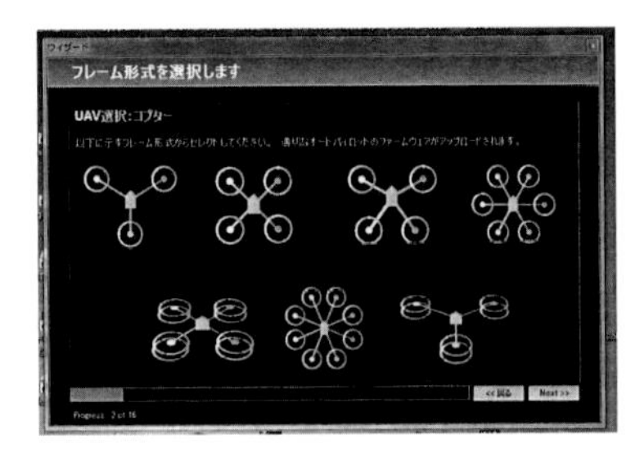

ミッションプランナーとフライトコントローラーの接続（図3）

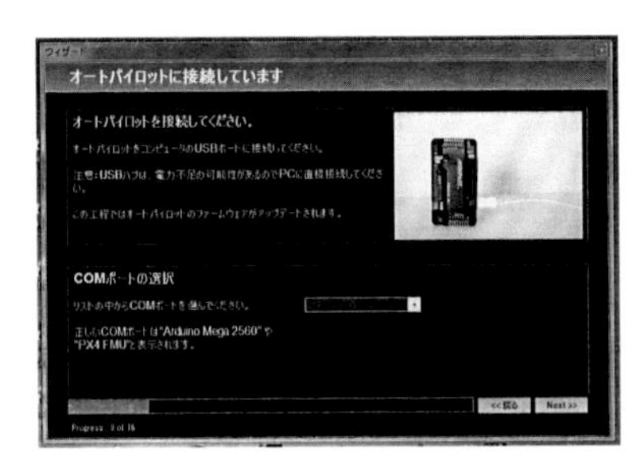

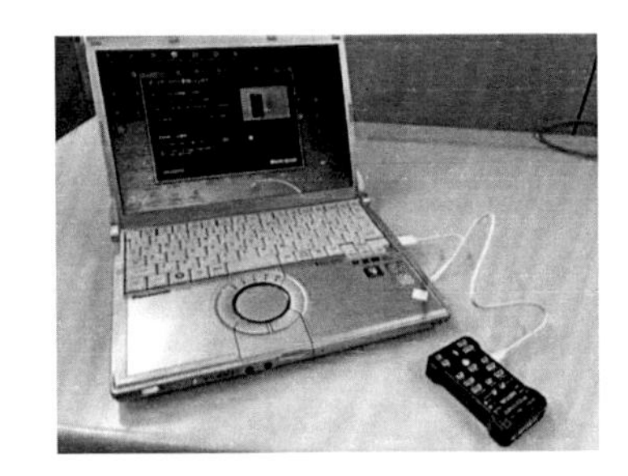

フライトコントローラーの自動飛行設定（図4）

自動航行ソフトの主流はウェイポイント方式で、ユーザーが指定したポイントを飛行して戻る飛行経路が生成されます

POINT

◎市販のフライトコントローラーは現在2種類が主流

◎フライトコントローラーの電源は、途中で電力の供給が止まらないように注意が必要

ドローンを作る(4)　どのように調整すれば良いの?

ドローンを作るには、電源バランスと重量バランスを調整しましょう。

ドローン製作には、調整は重要です。調整には、力学的な調整と電気的な調整があります。力学的な調整には、流体力学のような動的なものと重量バランスのような静的なものがあります。電気的な調整には電源バランスの調整のようなハードウェアの調整と、フライトコントローラーのゲイン調整のようなソフトウェアの調整があります。

◩流体力学的調整

複数あるローターの取り付け位置の均一性はドローン製作のうえでは重要な調整ポイントになります。通常、ドローンのフレーム上にモーターをマウントするため、各モーターの位置を正確に対称の位置に調整して固定する必要があります。また、図1に見られる上反角のようなチルト角を調整して左右前後の安定性を調整したり、ヨー軸回り方向にチルト角を設けてヨー回転の応答性を調整したりします。

◩重量バランス調整

バッテリーなどの重量の重い搭載物を重心付近に搭載することや、高い中心対称性を保つために搭載物のバランス調整を行うと、安定したドローンを製作することができます。図2は、重量が重いバッテリーの搭載位置を重心である中心に配置し、GPSアンテナをオフセットして、フライトコントローラーのGPSアンテナ設置位置補正機能でオフセットを解消している調整例を示しています。

◩ゲイン調整

フライトコントローラーの制御ゲインを上げると、応答性が上がります。上げ過ぎると振動するようになります。一般的には振動する直前くらいに調整しますが、マルチローターのヨー回転の場合は、制御力がローター回転の反転トルクで力が小さいのでゲインを高くしても早い応答はそもそも見込めません。

ローターのチルト角の調整(図1)

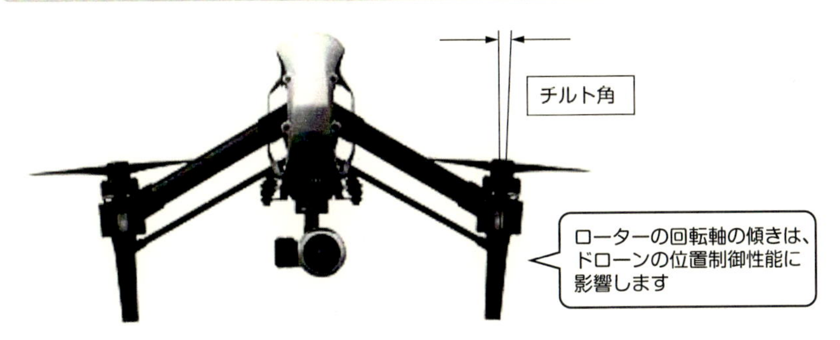

重量バランス調整(図2)

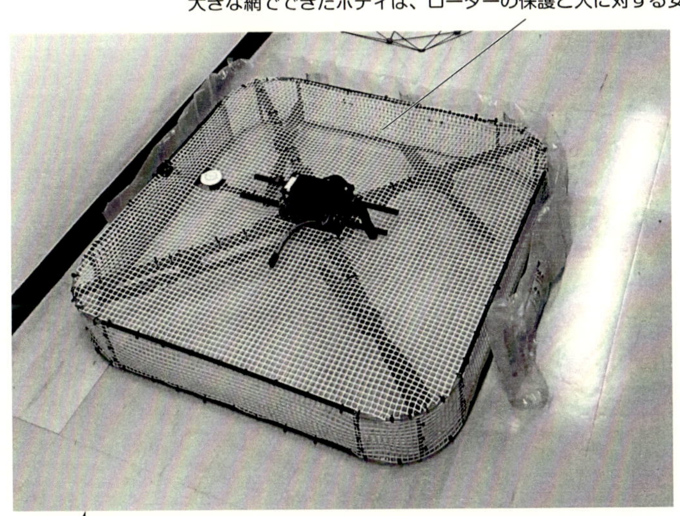

POINT

◎ローターのチルト角の調整
◎重量バランスの調整
◎制御ゲインの調整

COLUMN 2

水陸空用のドローン

～水鳥のようなドローン。海難救助にも～

最近、水陸空両用のドローンが登場してきました。最初は、トイドローンと呼ばれる玩具のドローンに、発泡スチロールでできた直径の大きな車輪2輪でドローンの左右を挟んだような構造でした。大きな2輪の車輪で転がるので地上も走行可能で、発泡スチロールにより水に浮きますが、前後左右は、ドローンのローターにより進みます。また、大きな空気入りタイヤ4輪を持つトイドローンが登場し、タイヤ4輪で地上を走行し、空気入りのタイヤが浮き輪となり、水上でも浮くため、水上でもドローンのローターによる推力により進むことができます。

産業用ドローンでは、アメリカのラトガース大学が水陸両用ドローン「Naviator」を開発しています。これは、完全防水を施したマルチローター型ドローンで、空中から着水し、そのまま水中に沈み、ローターをゆっくり回すことで水中を空中のように移動します。そして、水中から水面に浮上し、そのまま水面から離水して飛行することができます。船舶の船体の検査、海底油田や海底鉱山の調査、海難事故の救助現場の探索や救助支援など、潜水艇でしか行えないような作業にこの水陸両用は活用できるのです。着水して水面に浮いた状態から再度飛行できるマルチローター型ドローンは、かなり大型のものまで実現しています。中空パイプフレームを使用する産業用ドローンは、その中空フレームを密閉すると水に浮く浮力が得られ、モーターや電気系統の防水を施すと水面に着水できるドローンになるようです。

現在最も大型の水陸両用ドローンは、Singular Aircraft社が開発したFlyox Iという固定翼型ドローンで、世界最大の水陸両用UAVと言われています。その特徴はあらゆる地点から離陸・着陸できることで、監視用・消火用・運送用・農業用の4つのタイプにカスタマイズが可能だそうです。搭載可能重量は1850kg、航続距離は8500kmで、監視モードなら50時間も飛行できるそうです。防水性能はIEC（国際電気標準会議）で定める電気機器の防塵・防水性能の等級規格IPXYで表示されます。Xは防塵性能で0～6まで、Yは防水性能で0～8までです。完全防水は8です。

第3章

ドローンのメカニズム
＜上級編＞

なぜジャイロが必要?

なぜジャイロが必要なのでしょうか？　空中ではドローンも簡単にひっくり返るので、ジャイロで傾きを検知してバランスを取っています。

なぜジャイロが必要なのでしょうか？　水上の船もタライのようなものだと人が乗ると簡単にひっくり返ります。マルチローターも空中に浮かぶタライのようなもので、簡単にひっくり返ります。ひっくり返らないためには、傾きを感知すると元に戻すような制御が必要になります。どれくらい傾いたか？　その傾く速度はどれくらいかを知るにはジャイロが必要なのです。

ドローンに搭載するジャイロには、精度はそこそこですが、超小型軽量で安価な振動式ジャイロが広く使われています。ジャイロを使った飛行機の操作の自動化の歴史は意外に古く、飛行機の発明からわずか11年後の1914年にローレンス・スペリー（1892～1923）によって実現しています。このときの飛行機は1903年に操縦技術がライト兄弟によって発明された固定翼機でしたが、回転翼機となると、その操縦技術は1940年にようやく確立されました。

1939年9月14日、コネチカット州で、シングルローターのヘリコプターVS-300をロープでつないだ状態で飛行させました。そして写真のように、翌年の1940年5月13日、シコルスキーVS-300の自由飛行に成功しました。

ひっくり返らないためにジャイロで傾きを検知して姿勢の修正をする制御をするようになりますが、MEMS技術を使用した超小型軽量の振動式ジャイロが開発されて初めて小さなドローンにも搭載することができるようになりました。

ジャイロはドローンを水平に保つためには必要ですが、水平かどうかは検知できません。このため最初に、ドローンの水平の位置をジャイロと一緒に搭載されている加速度センサーで重力方向を検知しその方向を鉛直方向として水平方向の初期値を決めています。水平面の角度は、飛行している間にずれてくるので、静止しているホバリング時などの状態を使って加速度センサーからのデータで慎重にフィルタリングして補正しています。慎重にフィルタリングする理由は、加速度センサーは重力と遠心力などを区別することができないため、遠心力や抵抗による減速加速度などが働いていない状態を選んで補正する必要があるためです。

1940年に初の自由飛行を行ったVS-300

機械式ジャイロの性質

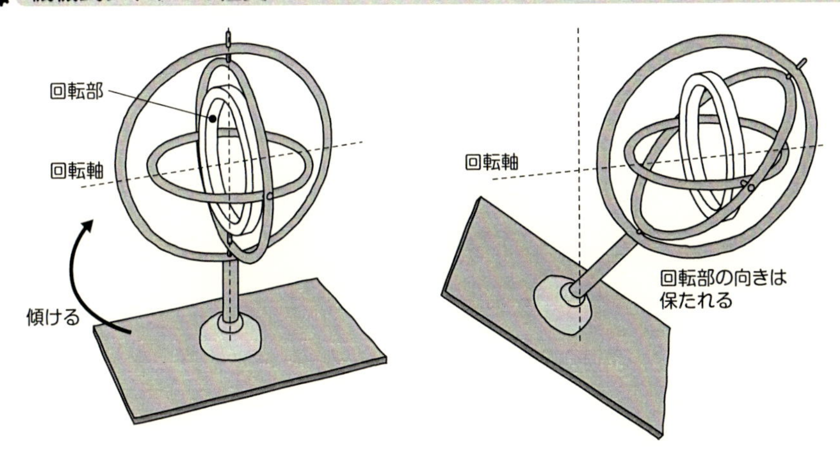

MEMSジャイロセンサーと加速度センサーとの組み合わせによる姿勢センサーユニット

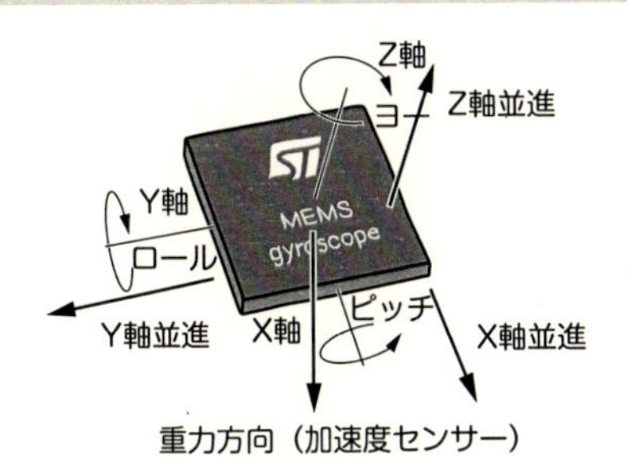

POINT
◎ジャイロは、ドローンが傾くときの角速度をセンシング
◎地面の方向は加速度センサー、方位は地磁気センサーからデータをもらい、そこからの角度を角速度の積分により算出

なぜ空中停止ができるの?

ドローンは、なぜ空中停止ができるのでしょうか？　それは空中でひっくり返らない機能と空中の特定位置を認識して戻る機能の組み合わせにより実現しているからです。

最近のマルチローターのドローンには、大変便利な機能が付いています。それが空中停止機能です。マルチローターのドローンの飛行中に、何も操縦操作をしなければ、その空中の位置でずっと停止し続ける機能です。このドローンの空中停止機能によって、操縦者はドローンの飛行中にカメラの操作をしたり、ドローンから目を離してモニターを見たりすることができるようになりました。飛行中に操縦者がジュースを飲むことだってできます。この大変便利な機能によって誰でも簡単にドローンの操縦ができるようになり、世界中で爆発的に普及するようになりました。では、なぜ空中停止ができるのでしょうか？

空中停止を実現するには、2つの機能が必要です。1つは、前項のジャイロのところで触れたようにドローンが空中でひっくり返って落ちない機能です。これは姿勢制御機能で、ドローンの姿勢をジャイロセンサーや加速度センサー、磁気センサー、GPS、視覚センサーなどで制御しています。

2つ目は、指定された空中での位置をキープし続ける機能です。静止状態で空中に浮かんでいるものは、空気抵抗もほとんどないため、あらゆる抵抗がない状態です。2次元で抵抗のない状態は、ツルツルのスケートリンクが良い例ですが、これが3次元で起こっています。このため、ドローンは、ほんのわずかな力でも、ツツーッと動いてしまいます。空中停止を実現するためには、ほんの少しの空気の流れでツツーッと動いてしまうドローンを元の位置に戻す修正作業を常に行っている必要があります。

ドローンが元の位置に戻る方向に進むためには、その方向に機体を傾けなければなりません。すると1つ目のドローンの姿勢を水平に保つ作業ができなくなります。この矛盾を解消するために、ドローンメーカー各社はいろいろな工夫を凝らしていて、空中停止性能に違いが見られるようになります。あるメーカーは、水平に保つことを重視して実用耐風範囲を低く設定したり、あるメーカーは、位置を保つことを重視して積極的に姿勢を傾ける制御をする代わりに、搭載するカメラは必ずジンバルに載せて、カメラだけは水平に保つ方式を採用していたりします。

空中停止のために並進移動すると、姿勢を変化させる必要が生じる

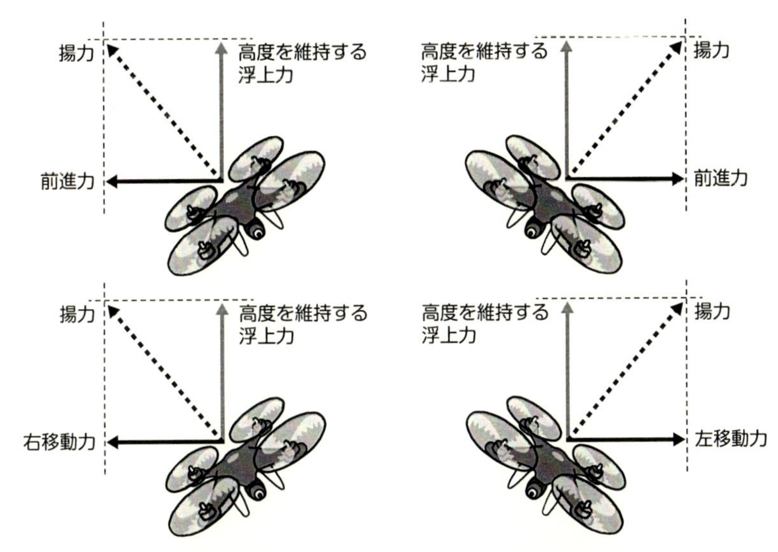

移動のためには、安定した姿勢を捨てて、あえて姿勢を変えています。

姿勢を大きく変化させて狙った位置を制御し、ジンバルによってカメラの水平を取る例

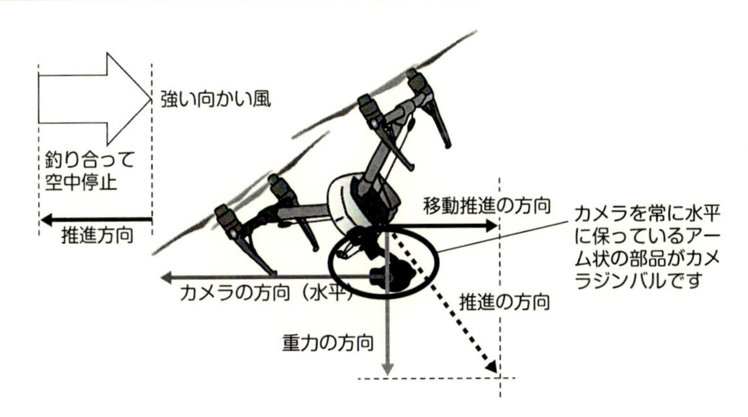

POINT

- ◎空中停止には、姿勢制御と位置制御の２つの重要な機能が必要
- ◎姿勢制御と位置制御は、時として相反する要素
- ◎相反する作用をうまくバランスさせる技術が重要

GPSの原理とは?

ドローンに使われているGPSの原理は三角測量です。GPSから見ると地球は球ではなく、また、地形により重力に違いがあります。

ドローンには、飛行している位置を知るために必ずGPSが搭載されています。このGPSの原理や仕組みはどうなっているのでしょうか。

◪GPSの原理

GPS測位の原理は、三角測量です。図1のように3点からの距離rは、GPS電波の伝送速度（光速）cと、時間tの積で算出されます。このため、GPS衛星は正確な原子時計を搭載しています。GPS衛星は、高度2万200kmの上空を12時間周期で地球を周回する軌道を回っています。秒速4kmを超える高速でGPS衛星は移動しているのですが、正確な時間を必要とするGPSでは、高速で移動するGPS衛星内の時間が遅くなるアインシュタインの相対性理論が無視できなくなり、時間の進行速度が遅く設定されています。

◪GPSの高度

GPSの高度の決め方については、地球が楕円体であることも影響しています。

GPS座標は、地球の重心に原点を持つ3次元座標系が用いられています。これは、WGS84楕円体と呼ばれ、米国国防総省が決定したものです。日本の測地系座標は、2002年4月からITRF94という地球基準座標系に切り替わり、GRS80楕円体という楕円体で地球方面を表しています。GPSのWGS84とGRS80の差はほぼゼロで、測量レベルにおいても同一と見なすことができるほどですが、GPSで標高や高度を計測するときには、ジオイドと呼ばれる地球の表面を表す重力の等ポテンシャル面を使います。これは水面を基準とする定義で、日本の場合東京湾の平均海面を基準にジオイド高と呼ばれる楕円体との差を決めています。

図3にジオイド高と実際の高さと、ジオイド高と楕円体座標値の関係を示します。ジオイド高は、重力ポテンシャルで決まるので、大きな質量を持つ山や山脈があると地表面が膨らんで大きくなります。長野県あたりでは標高に加えて45mほど膨らんでいます。GPSの高さは、標高と飛行高度の差にジオイド高を加えたものを表しています。

三角測量（図1）

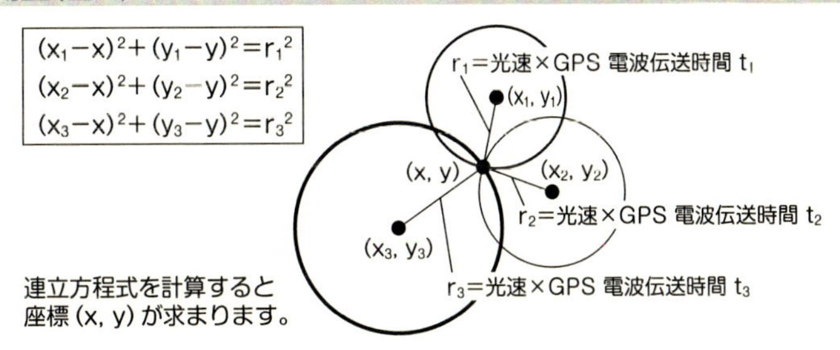

GPS測位の原理（図2）

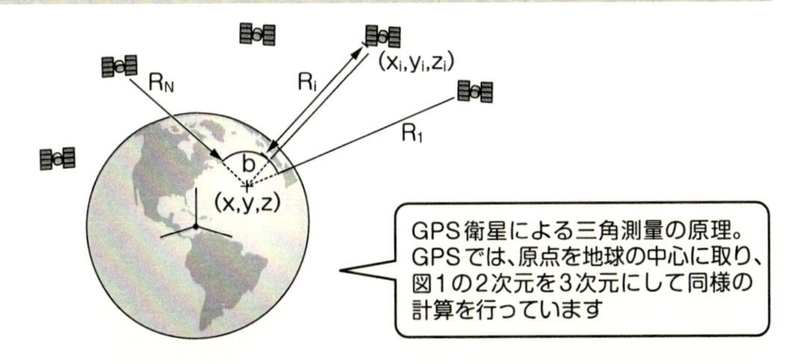

GPSによる高さ計測（図3）

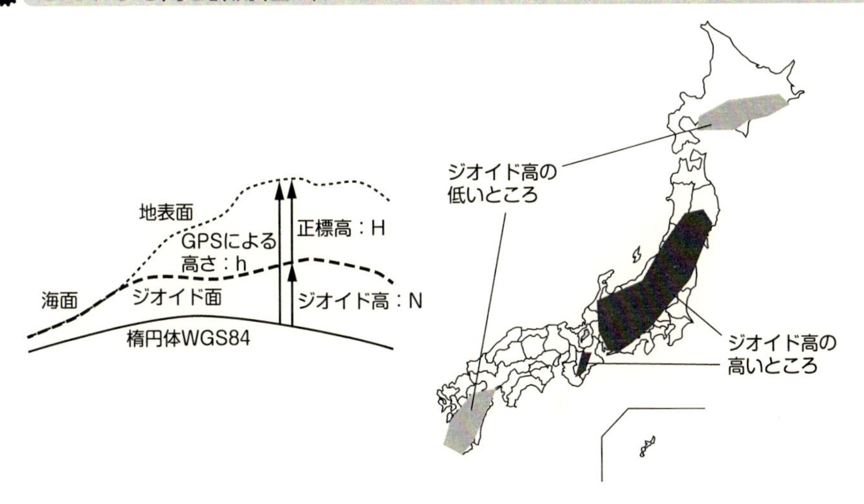

POINT
◎GPSは、三角測量の原理を利用
◎地球が楕円で、山谷の凹凸があるので、GPS高度はジオイド高だけずれる

なぜ方位がわかるの？

ドローンは、どのような機器で方位を測定しているのでしょうか？

ドローンは、なぜ方位がわかるのでしょうか？　通常、方位を知るのに方位磁石を使いますが、ドローンも地球の地磁気（図1）を磁気センサーで検知して方位を認識します。

◪磁気方位センサー

磁気方位センサーは、原理の考え方としては方位磁石を用いるのと同じですが、実際に機器に自由に動く磁石が組み込まれて、その動きを検知するセンサーは現在ではほとんど使われていません。

現在使用されているのは、電子コンパスと呼ばれる電気的に方位を検知できるホール素子や磁気抵抗素子（MR:マグネトレジスタンス）といった電子部品サイズの小さなものなので、スマートフォンなどの中に搭載されるようになっています。ドローンに使用されている磁気方位センサーも電子コンパスです。特に近年の磁気抵抗素子の進歩は目覚ましく、巨大磁気抵抗効果などの発見により、非常に高感度のセンサーが使えるようになっています。

◪偏角と伏角

GPSでは位置がわかりますが、ドローンがどちらを向いているかは、動き出した差分情報を使って初めてその方向がわかります。GPSの座標系が示す北極の方向と、方位磁石が示す方向は、少しずれています。東西方向のずれを偏角、上下方向のずれを伏角と呼びます。偏角は、水平面上での方位角のずれで、伏角は、地面にめり込む方向を向いている地磁気の磁力線とジオイド上の水平面との成す角を表しています。

ドローンには、3軸地磁気センサーが使用されていて、図2に示す偏角と伏角を検知することができます。磁気方位センサーと偏角と、GPS座標の差分情報から、ドローンの向いている方位をセンシングしています。一方、ドローンの水平安定に関しても、加速度センサーの重力方向の情報と、磁気方位センサーの伏角の情報をフィルタリングして使用しています。

このようにドローンが方位を知ることは墜落しないためにも大変重要なことなので、強い磁場環境や磁化した鉄板の上などの飛行には注意が必要です。

地磁気（図1）

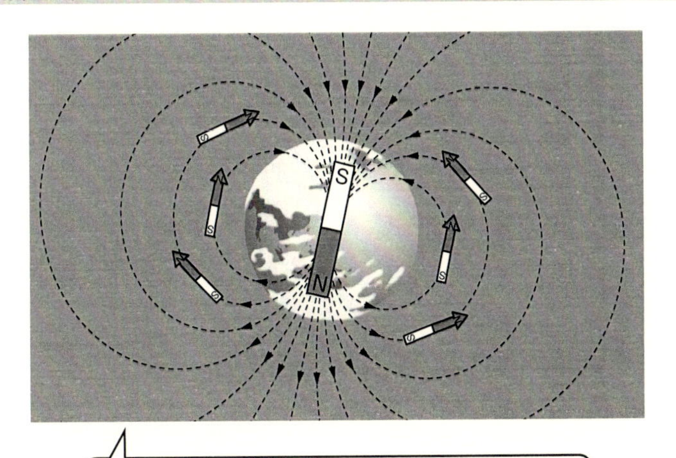

地球は大きな磁石なので、磁力線は磁極のある地球の表面の点に向いています

偏角と伏角（図2）

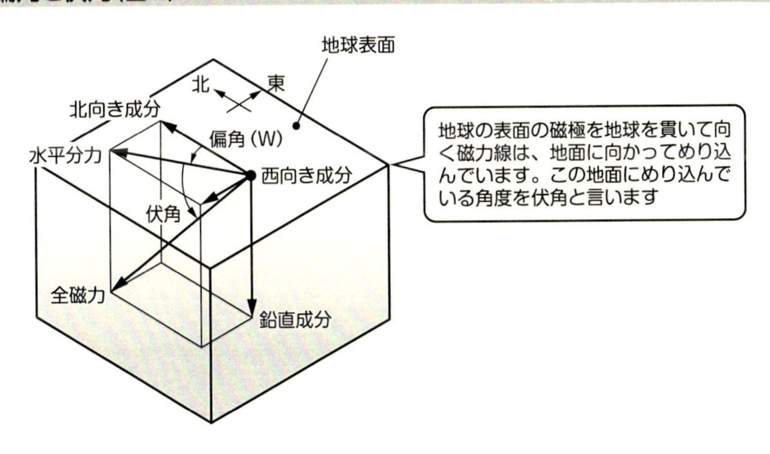

地球の表面の磁極を地球を貫いて向く磁力線は、地面に向かってめり込んでいます。この地面にめり込んでいる角度を伏角と言います

◎電気的に方位を検知できるホール素子や磁気抵抗素子を利用した電子コンパス
◎3軸磁気センサーでドローンの向きを確定

リポ(リチウムイオンポリマー２次電池)取り扱い方は?

リポ取り扱い方にはいろいろ作法があり、原理を理解していれば、１つひとつの作法に意味があることがわかるようになります。

最近のマルチロータのドローンは、ほとんどリチウムバッテリーをエネルギー源として飛行しています。リチウムイオンバッテリーは、取り扱い方に注意が必要と言われる割に理由が知られていなかったり、リポという呼称に誤解があったりして、謎に思っている人が多いようです。

◪ドローンにはほとんどがポリマーを使わないリチウムバッテリー

現在ドローンのバッテリーとして使われているリポと呼ばれている2次電池のほとんどは、実は電解液にポリマーが使われていないリチウムイオンバッテリーなのです。ラミネート型と呼ばれるパックに袋詰めされている形を見てリチウムポリマーと呼ばれているだけで、正確にはラミネート型リチウムイオンバッテリーという電池なので、パックの中には電解液が入っています。

◪針状析出からセパレータ貫通

リチウムイオン電解液に融解しているリチウム塩が析出すると、電極上に平坦に析出せず、針状に析出してしまいます。これはリチウムだけでなくマグネシウムやアルミニウムなどのアルカリ金属に共通する性質で、六方晶構造をとりやすいことから針状結晶になりやすいのです。リチウムの針状析出が発生すると正極と負極を隔てるセパレータを金属リチウムが貫通し短絡します。短絡すると通電した電力のジュール熱で発熱し、温度上昇が起こります。温度上昇が起こると、図2のように、次々と反応や熱分解が進行します。

このことから、リチウムイオンバッテリーの取り扱い方として重要なのは、最初の温度上昇のトリガーを発生させないことなのです。ドローンの取り扱い上よくある温度上昇発生の原因として、過充電による発熱と、電池のラミネートの損傷による発熱があります。

◪低い気温条件での取り扱い

電池は化学反応なので活性化エネルギーが必要で、低い気温では使用直前まで室温を保つ保温をするなど注意が必要です。

リチウムイオン電池のセパレータ（図1）

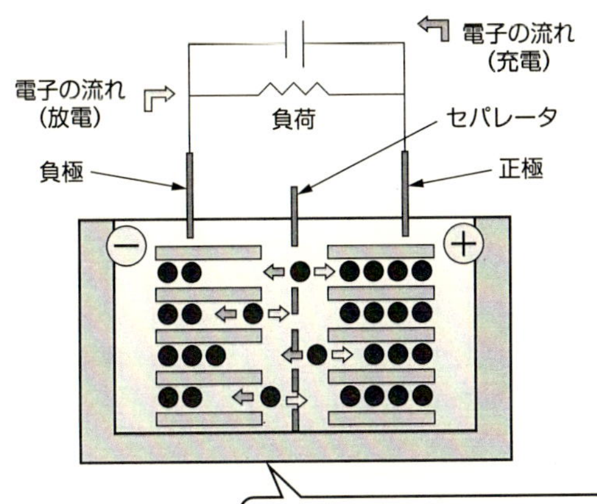

リチウムイオン電池の反応メカニズム（図2）

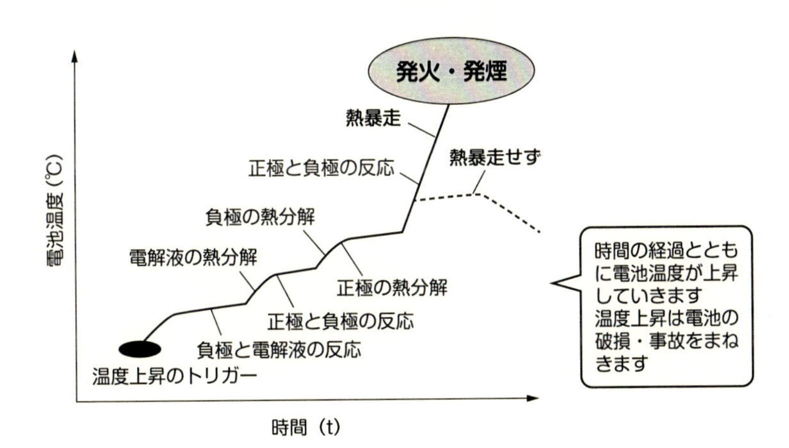

POINT
◎リチウムイオンバッテリーの温度上昇トリガーを発生させない
◎低気温時はリチウムイオンバッテリーを使用直前まで保温する

衝突防止ってなぜ?

ドローンはリターンホームなどの機能がゆえに、想定外の経路を飛行し障害物と衝突することがあるため、衝突防止が必要です。

◪衝突防止のはじまり

2010年頃からパロット社のAR Droneが火付け役となったマルチローター型のドローンですが、実は無人航空機と旅客航空機の衝突の脅威は、2007年頃から軍用無人航空機の一般空域飛行を検討するうえで問題となってきた経緯があります。ちょうどこの時期は、中東で使われた無人航空機が欧州や北米に戻り始めた時期で、中東では飛べた無人航空機が本国で飛べない問題に直面していました。これらの無人航空機はRPAS（リモートパイロットエアクラフトシステム）と呼ばれる遠隔操作型ドローンでしたが、米国ではレーダーを搭載して人の操縦と自動回避の両方の機能を搭載する衝突防止法でドローンの一般空域飛行の安全を確保し認可を得ています。

◪マルチローター型ドローンの場合

一方、日本で普及している小型のマルチローター型のドローンの衝突防止は、規制されている空港周辺や150m以上の高度で飛行しない限り有人航空機との衝突は、低空を飛行するドクターヘリや災害出動ヘリを除いてターゲットとなっていません。小型ドローンはむしろ、図2のように電波が途絶したり目視で見失ったりする緊急時に使うゴーホームやリターンホームと呼ばれる緊急帰還機能が発動している際に衝突防止機能が必要となっています。それは離陸した場所（ホーム）に戻ろうとする経路に障害物があり、衝突して墜落するケースがかなりあったため、ビジョンカメラや距離センサーで衝突防止機能を実現し搭載しているドローンが発売されるようになりました。

また、山岳地帯の多い日本では、山の上から離陸し高度を下げて麓に向かって飛行した際にリターンホームがかかると、高度を維持したしたまま離陸地点にドローンは戻ろうとして山の中腹に衝突するケースがありました。これを防止するためにもドローンの衝突防止機能は重要で、衝突防止機能があるドローンでは、リターンホーム中に障害物の前でホバリングして操縦者の捜索を待つ忠犬のような状態になります。

衝突防止の始まり（図1）

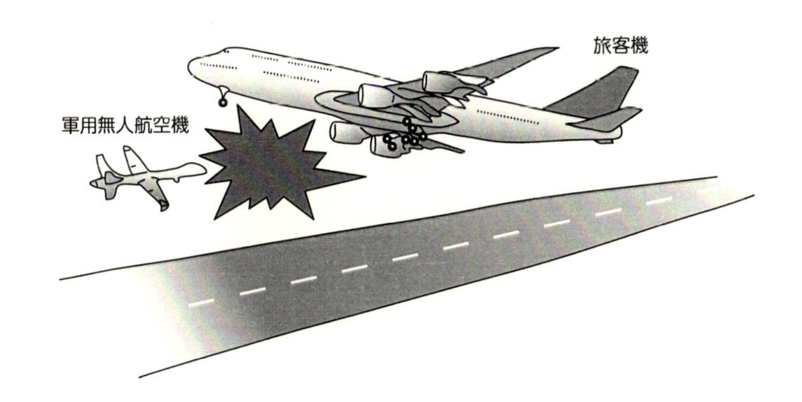

ドローンの衝突防止の必要性（図2）

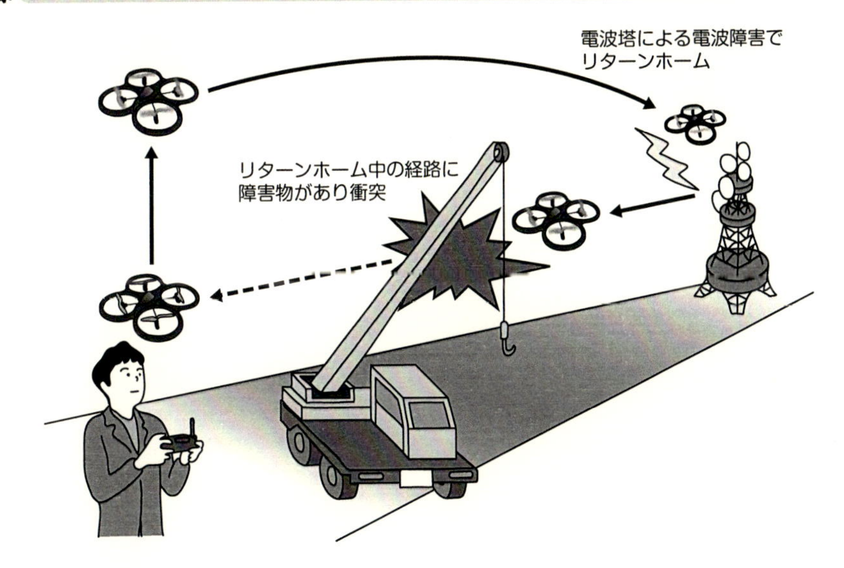

POINT
◎衝突防止の始まりは、有人機との衝突防止
◎小型ドローンの衝突防止は、主に人や物に対するものでリターンホーム時に安全性が高まる

ドローンはなぜうるさい?

ドローンは複数のプロペラで空気をかき混ぜてしまうので、空気の摩擦音が発生します。また、モーターからも騒音が発生します。

最近のマルチローターのドローンが飛行する際に発生させる音は、業務用の大型のドローンではかなり大きな音がします。ドローンはなぜうるさいのでしょうか。騒音が発生する仕組みはどうなっているのでしょうか。

◪ドローンの音響計測

ドローンのような音を発生する機器の音響測定には、音の全エネルギーを計測する残響室法と、音の分布を計測する無響室法があります。ドローンの場合、音の発生源のほとんどが複数存在するプロペラで、音の分布はほぼ全球状に拡散するので、残響室法で計測します。

図1に広く業務用に使用されているドローンの残響室法で計測した音響スペクトルの例を示します。特徴的なのは、非常に広い周波数範囲に渡ってフラットにノイズが発生していることです。このような音は、空気との摩擦で発生する騒音の特徴で、位相が逆の音で騒音を打ち消すアクティブ消音などの技術が使いにくい騒音の1つです。また、モーターからのノイズも8～10kHz付近に見られます。このため、ドローンの騒音対策としては、空力的対策と、モーター回転制御系対策が主になります。空力的には、誘導抵抗と呼ばれるプロペラ翼端から発生する渦の制御が重要になります。

◪低騒音タイプドローンの騒音特性

一般消費者向けの小型ドローンにおいても、ドローンのうるささはユーザーの評価を左右しますので、低騒音タイプのドローンが市販されています。図2に市販されている低騒音タイプのドローンのプロペラの形状の例を示します。プロペラの先が固定翼機のウイングレットのように角度がついていると、プロペラの翼端での渦の発生による騒音を低減することができ、広い周波数範囲に渡って4dB（デシベル）くらいの騒音低減が実現するようです。ちなみにデシベルは、対数単位なので、音響パワーに換算すると60%の騒音低減を実現していることになります。また、空力的対策だけでなくモーターからの騒音を低減する対策もなされているドローンがあります。

騒音計測したドローンとその音響スペクトル（図1）

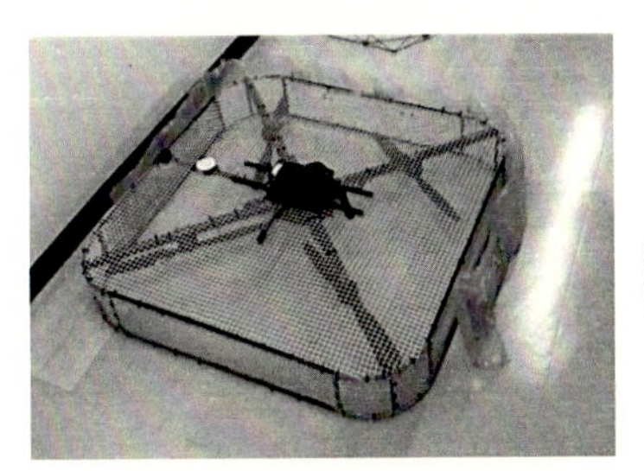

残響室法による
計測

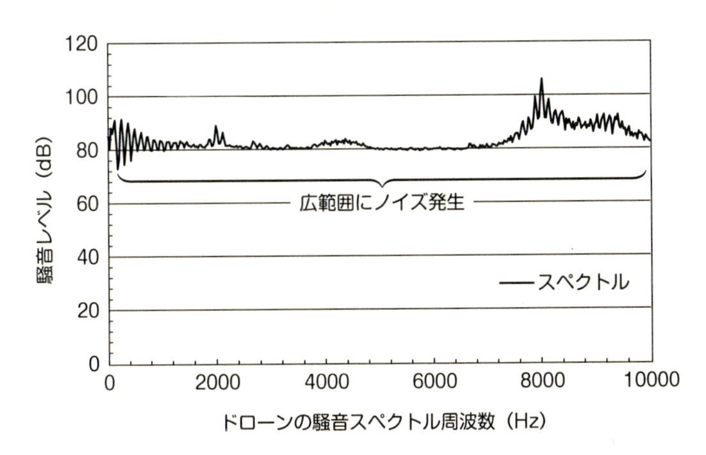

低ノイズプロペラの例（図2）

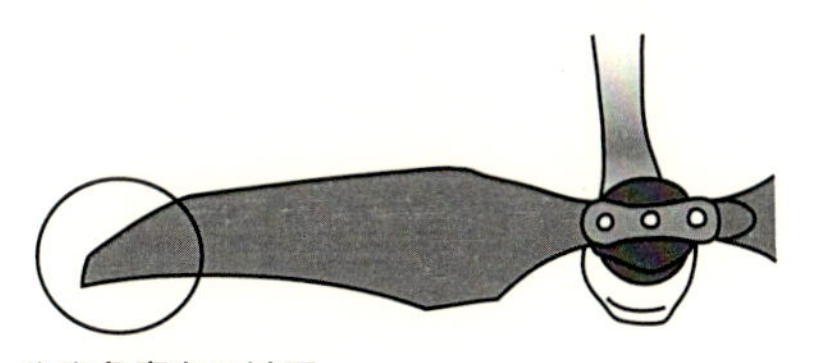

やや角度をつけて
空気の渦の発生を抑える

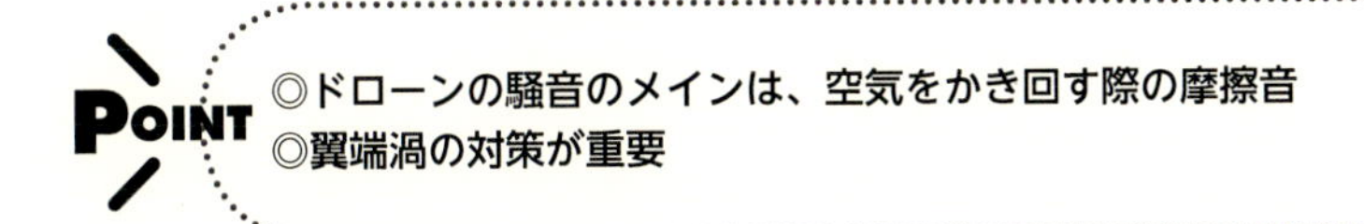

◎ドローンの騒音のメインは、空気をかき回す際の摩擦音
◎翼端渦の対策が重要

ドローンはなぜ落ちる?

ドローンが落ちる原因にはさまざまなものがあります。大きな要因として、オペレーションと技術の未到達があります。

最近のマルチローターのドローンは、GPSによる位置制御や姿勢安定制御技術の向上で、無風環境であればまず落ちることはない性能を獲得するに至っています。

ドローンが落ちる原因は、ドローンのオペレーションによるものと、まだ技術の進歩を必要としている要因に分けられます。ではそのそれぞれの要因はどうなっているのでしょうか。

◩ドローンのオペレーションによる要因

航空の安全3原則は、①機体の安全、②操縦の安全、③運航管理の安全の3つとなっています。これは、1903年にライト兄弟によって飛行機が発明されて以来、1世紀以上積み重ねた経験から生まれた効果的な分類法ですので、当然ドローンにも当てはまります。

①に関しては、市販のドローンをメーカーが定める使用範囲内で法規制にしたがって使用したケースではめったに落ちませんが、改造したドローンを使用していたりプロペラを表裏逆に取り付けていたりなどの整備不良があったりすると落ちるケースがあります。②と③を合わせてオペレーションによる原因とすると、飛行中木の葉に接触してしまったとか、見失ったとかさまざまなケースが見られます。よくある操縦ミスとして、図1に示すドローン飛行中の強制停止コマンドの入力があります。これを行うと、ドローンはその場で停止して落下してしまいます。

◩技術の進歩を必要としている要因

2-11頃で述べたように、複数あるプロペラの揚力中心は空気の流れの外乱によりモーター中心軸からずれが生じます。これに対して姿勢制御モデルはプロペラによる推力がモーター軸上に発生するものがほとんどです。また、当然のことながら水平移動の最高速度以上の風の中では前進ができなくなります。回転翼機の場合、推力の分力で水平方向の移動推進力を得るため、大きな余剰推力を必要とします。さらに、ピッチ軸、ロール軸、ヨー軸それぞれに回転と並進の運動があり、それらが組み合わさった複合モードに入ったときの回復動作を制御プログラムに入れておく技術が必要とされています。

墜落の原因：飛行中の強制停止コマンド操作(図1)

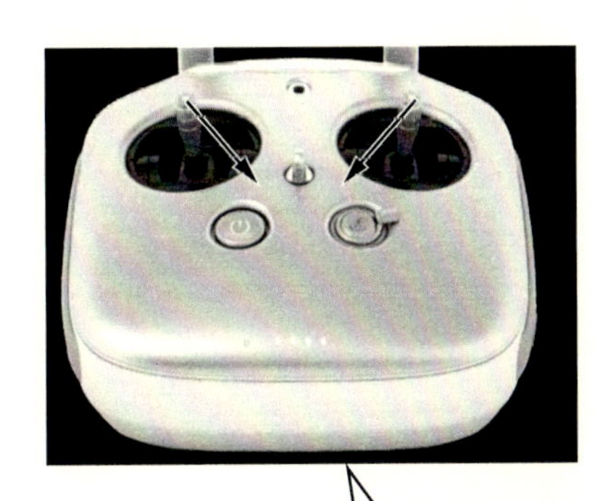

プロポのレバーを左右同時に下方向の内側に寄せると強制プロペラ停止となる機種がありますので要注意

風によって推力発生中心の位置を維持できなくなる(図2)

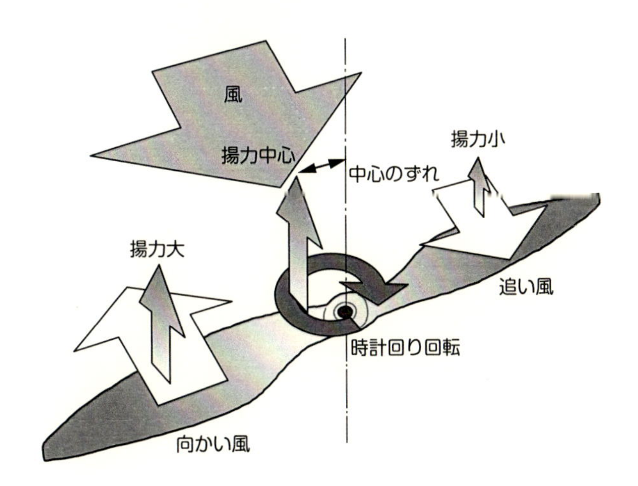

POINT
◎飛行中の強制停止コマンドの誤操作には要注意
◎木の葉などとの接触などオペレーションミスも落下の要因

ジオフェンスとは?

ジオフェンスとは、ドローンが入ってはいけないところを仕切るフェンスのことです。もちろん、実際に空中に存在するものではなく、バーチャルに存在しています。

最近市販されているマルチローターのドローンの中には、ジオフェンスと呼ばれる安全機能が備えられているものがあります。これは、飛行中行ってはいけない範囲や入ってはならない領域や施設、敷地の範囲や位置を決めて自動的に入れなくするものです。その範囲は、水平面内だけでなく高度に対しても適応されますが。ではジオフェンスの仕組みはどうなっているのでしょうか。

◩高度制限制限機能

ドローンが飛行する高度に対して制限をする機能は、2014年頃かそれ以前から搭載するドローンがあり、現在でもかなり普及しています。これは、世界各国で55フィート以下や150m以下というドローンが飛行してもよい高度のルールが2014年頃から制定ラッシュとなったからで、今ではドローンメーカーが自主的に高度制限機能を付加しています。飛行範囲についても同様です。

◩飛行範囲制限機能

空港周辺や重要施設周辺は、ドローンは飛行禁止区域になっており、国土交通省への許可申請が必要となります。これらの飛行禁止区域は、SORAPASSなどのアプリで誰でも確認できます。図1に関東の様子を例に示しますが、円で表示される領域が飛行禁止区域になります。これらの飛行禁止区域のGPS座標をドローンに記憶させて、そこをジオフェンスで囲って飛行できなくなっている市販のドローンもあります。

ジオフェンスは、このように飛行禁止区域での飛行を制限する役割だけではありません。ドローンを購入した初心者にとっても便利な機能なのです。市販のドローンの中には、離陸した場所から半径数10mの円をジオフェンスとすることができる機能を搭載したものがあります。これは、ドローンの飛行練習中に、誤って遠くにドローンを飛ばし過ぎて見失ったりロストしたりする失敗を防ぐことができます。上達するにしたがって半径を大きくしていき、最終的には機能をOFFにすることもできるようになっています。将来の目視外飛行もジオフェンスで囲まれた空路を飛行するようになるでしょう。

ドローン飛行制限区域（図1）

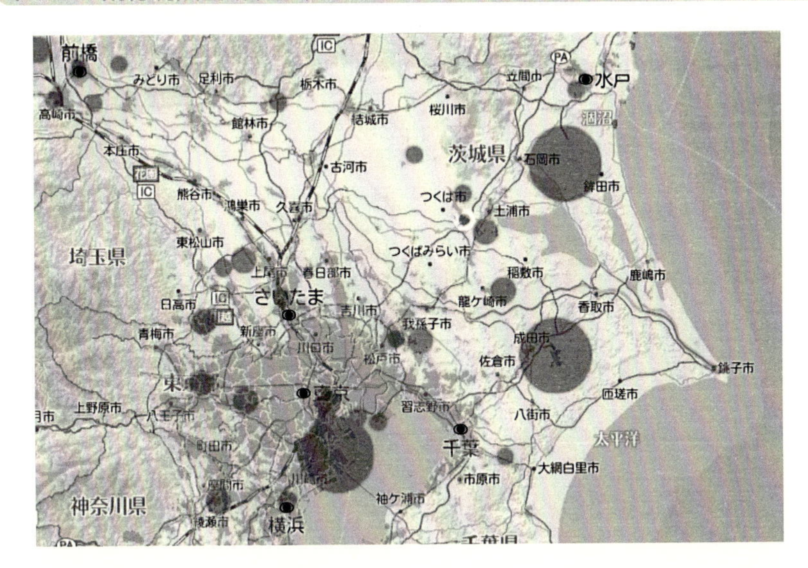

ジオフェンス（図2）

◎ジオフェンスは空港周辺の飛行禁止区域での飛行を制限
◎練習時のドローンロストを防止する機能としても重要

どんなセンサーを使う？　(1) ジャイロ・加速度計

ジャイロにもさまざまな種類があり、その働きは何でしょう？　姿勢を保つために重要な役割を担っています。

ジャイロには、主に機械式、振動式、光ファイバー式の3種類があります。昔は、ガス式などいろいろな種類がありましたが、現在では淘汰されて次のような3種類が使われるようになりました。

◩機械式ジャイロ

機械式ジャイロの歴史は古く、機械式ジャイロの原型はすでに1724年に発明されていました。機械式ジャイロの原理は回転しているコマがその姿勢を変えない性質を利用するものなので、古くから存在していました。

ジャイロを使った飛行機の操作の自動化は、飛行機の発明から僅か11年後の1914年にローレンス・スペリー（1892～1923）によって実現していました。これは3舵式固定翼機用のもので、ジャイロによって、エルロンによる水平姿勢安定とラダーによる機首方向のロックを行うものでした。

◩振動式ジャイロ

振動式ジャイロは、半導体製造のシリコンプロセスが確立してくる1985年以降に、シリコン基板上にリソグラフィーやエッチングなどのシリコンプロセスを用いて機械的構造を構築できる Micro Electro Mechanical Systems（MEMS）技術により、超小型低コスト化が実現しました。以降、現在に至るまでに、スマホなどに内蔵されるなどして広く普及するようになりました。ドローンに使用されるジャイロもこの振動式ジャイロが主流となっています。

◩光ファイバージャイロ

巻いた光ファイバーの両端からレーザー光を入れて、中央で両端からの光がぶつかって干渉する状態を検出することで、地球の自転や公転までわかるほど高い精度を得ることができます。長く巻いた光ファイバーが必要で小型化が難しく高価なため、大型のドローンや潜水艦、清掃ロボットなどに使用されています。

機械式ジャイロ

振動式ジャイロ

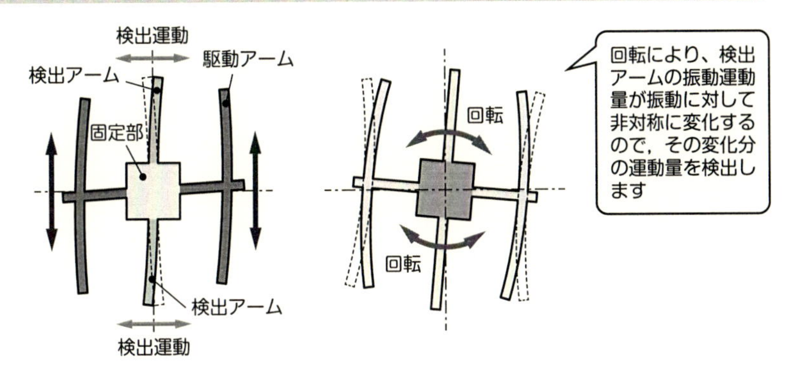

光ファイバージャイロ

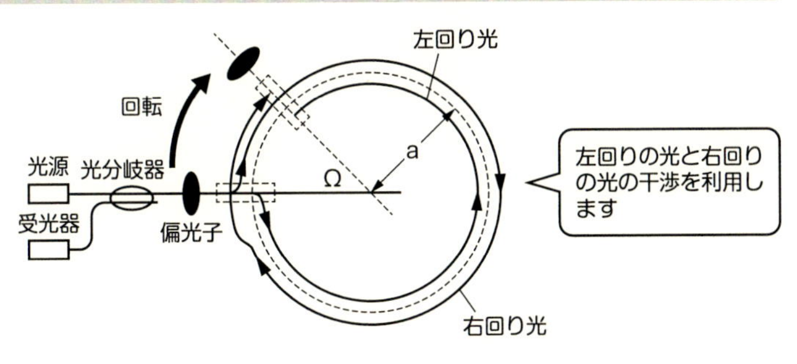

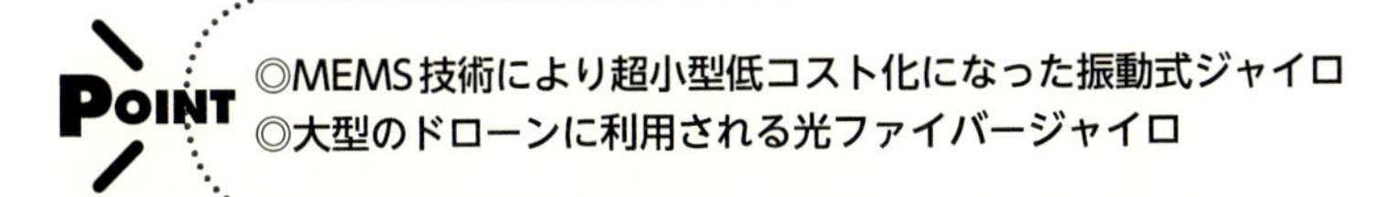

◎MEMS技術により超小型低コスト化になった振動式ジャイロ
◎大型のドローンに利用される光ファイバージャイロ

どんなセンサーを使う？ (2)高度センサー

高度センサーはドローンの高度を維持したり、自動着陸時に重要な役割を果たします。

ドローンの高度をセンシングする高度センサーの仕組みはどうなっているのか見ていきましょう。ドローンの高度センサーは、主に自動着陸のためと、ホバリング時や飛行時の高度維持のために使用されます。

◩ビジョンポジショニングセンサー

気圧高度計と超音波センサー、カメラなど複数のセンサーの複合データ処理を用いたポジショニングセンサーとして高度センシングをしている製品が近年見られるようになっています。これは、GPSの電波が届かずGPSによる位置制御が使用できない室内飛行をGPSなしで実現する技術として普及し始めています。

通常、カメラによる物体の画面上での大小の変化速度と気圧高度計によって高度変化速度を算出し、超音波センサーにより距離計測を行うシステムです。高度だけでなく、前後左右の移動量やヨー軸回りの回転もセンシングするため、加速度センサーの積分値やジャイロセンサーの角速度の積分値と磁気方位センサーの値をカルマンフィルターで推定した位置を目標位置として位置制御を行っています。

◩超音波センサー

超音波センサーは、距離が離れるとノイズと信号の割合（S/N比）が悪化するので、数cmから1mくらいの近距離の高度センサーとして使用されます。着陸直前のフラグや着陸時にローター回転を停止させるフラグに主に使用される高度センサーです。超音波センサーは、高度センサー以外にも、障害物検知センサーとしてもよく利用されます。

◩気圧高度センサー

ドローンの高度センサーとして最も一般的なのは、気圧高度センサーの情報とGPS高度情報とで補正し合う使い方です。、気圧高度センサーは、気圧の変化をひずみゲージを利用して計測しています。気圧高度センサーは、10cm～1mくらいの精度があります。

ビジョンポジショニングセンサー

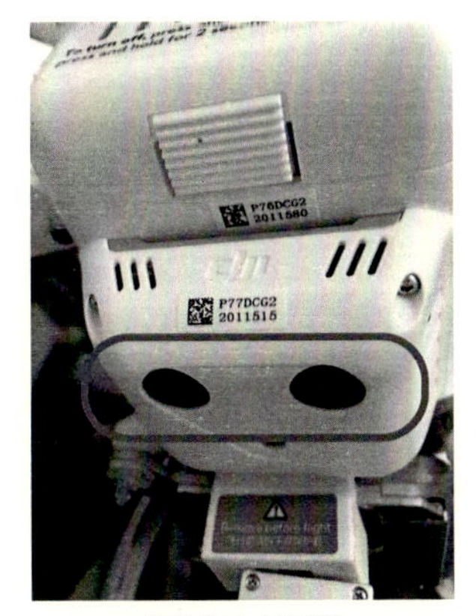

組み込んだ状態

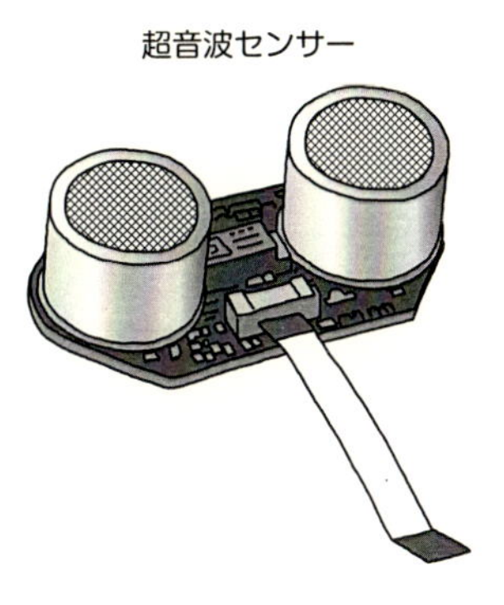
超音波センサー

気圧高度センサー

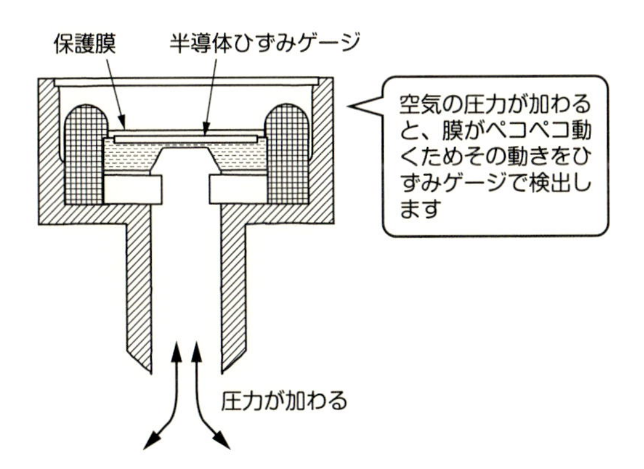

◎高度センサーの主流は、気圧高度センサーによるGPS高度情報の補正
◎超音波センサーは着陸時の高度センシングに使用

どんなセンサーを使う？　(3)方位センサー

方位センサーは、その名の通り方位を示すものです。その測定方法は、地磁気を利用したものと、GPSを利用したものがあります。

ドローンの進行方向や、向きを検知することは非常に重要なことですが、その方位検出には、どんなセンサーが使われているのでしょうか？　ドローンのセンサー第3弾として、方位センサーの仕組みはどうなっているのか見ていきましょう。

◩2軸地磁気センサー

センサーを水平にした状態で地磁気を検知して緯度経度で方位を計るタイプです。キャリブレーション（校正）のために、水平面上にセンサーを1周回すものがほとんどです。図1のように、1周回って磁気強度の分布をとると円になりますが、原点からのずれが生じますので、それを補正してやる必要があるのです。

◩3軸地磁気センサー

地磁気の強度を水平面だけでなく上下方向にも検知できるタイプで、キャリブレーション（校正）のために、水平面上と垂直面上の2回、センサーを1周回すタイプのセンサーです。地球は球なので地表面は球面上にありますので、日本では磁極は北方向で地面にめり込む方向にあります。3軸地磁気センサーの上下方向計測値からは地面との角度もわかるのでドローンの姿勢情報としてジャイロセンサーデータとカルマンフィルターにかけて使用することができます。

◩GPS方位センサー

大型無人航空機では、GPSを2個搭載してその相互の位置関係からGPSによる方位計測を行うものもありますが、小さなドローンの場合は、2個のGPSの距離を離せないので、1つのGPSの位置情報の経時変化から進行方向を計算します。

ただし、GPSで測定した北の方角は、北極点の方角で、磁気センサーで測定した磁北とは、図2のように異なっています。日本では地磁気センサーで測定した方位角の方向と、GPSによる方向角には、6度から9度くらいの差が生じますので補正されています。

キャリブレーション（校正）は、原点のずれを補正するためのもの（図1）

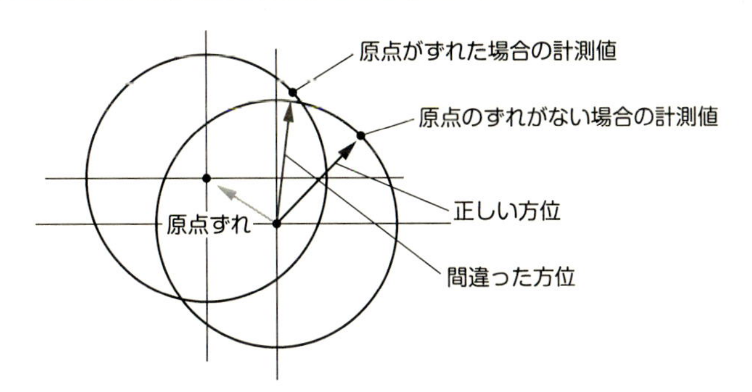

磁極と北極点のずれ（図2）

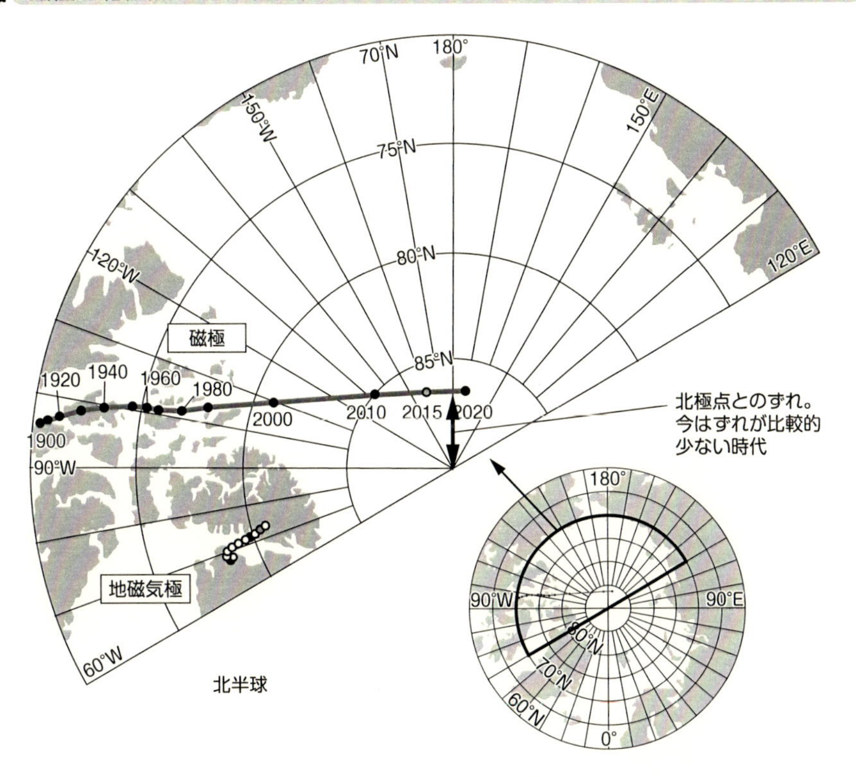

POINT

◎地磁気センサーは、円状の磁気強度分布の円の中心となる原点のキャリブレーション（校正）が必要
◎地磁気センサーによる計測方位は、北極点と磁極のずれにより、数度の差が生じる

どんなセンサーを使う？　(4)カメラ

ドローンにはカメラが搭載されていることが多々あります。空撮用のカメラだけでなくセンサーとして利用しているカメラもあります。

ドローンには、空撮用のカメラが搭載されているイメージが定着していますが、空撮用カメラのほかにセンサーとしてカメラが搭載されていたり、ドローンレース用のドローンには、操縦用のカメラが搭載されていたり、高所点検用ドローンには、赤外線カメラなど特殊なカメラが搭載されていたりします。ここではドローン自体の制御用センサーとして使用されているカメラと、ドローンのセンシングミッションのためのカメラについて、それぞれどのような仕組みになっているのか見ていきましょう。

◩ビジョンポジショニングシステム

3-11項にも出てきましたビジョンポジショニングシステムですが、高度だけでなく位置や移動方向をセンシングするのにカメラが使われています。光学マウスなどに使用されるオプティカルフローと呼ばれる画像の動きのベクトルを出力する技術が使われています。

◩赤外線カメラ

体温を持つ人間や動物、地熱がある地表面などは、通常の可視光での撮影とは違ったコントラストが得られるため、ドローンのセンサーとして赤外線カメラを利用しています。太陽光発電パネルの点検では、ショートしたところがジュール熱で発熱するので点検確認が容易になります。

◩農作物生育観測用スペクトルカメラ

植物の生育を観察する際に、図2のようにレッドエッジと呼ばれる波長720nm付近の波長が有効であることがわかっています。このため、図3のようにレッドエッジ、赤、緑、青の4波長を計測する農作物生育状況観測用スペクトルカメラが、農業に使用されています。これを使用することにより、発育状況の悪いところだけに追加の肥料を施すなど精密に品質管理された精密農業が可能になります。

赤外線カメラセンサー(図1)

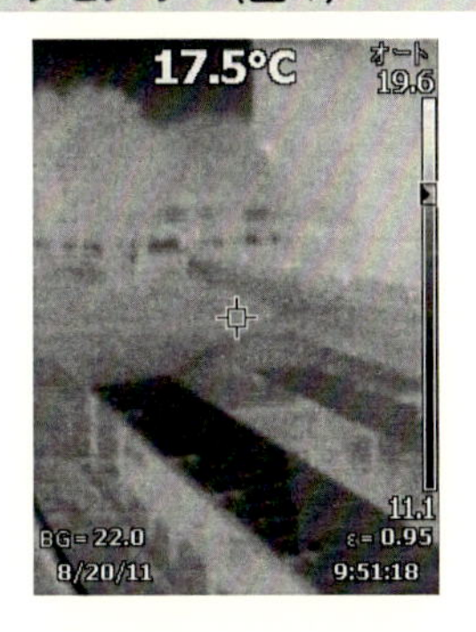

植物の生育状況の違いとスペクトル強度の違い(図2)

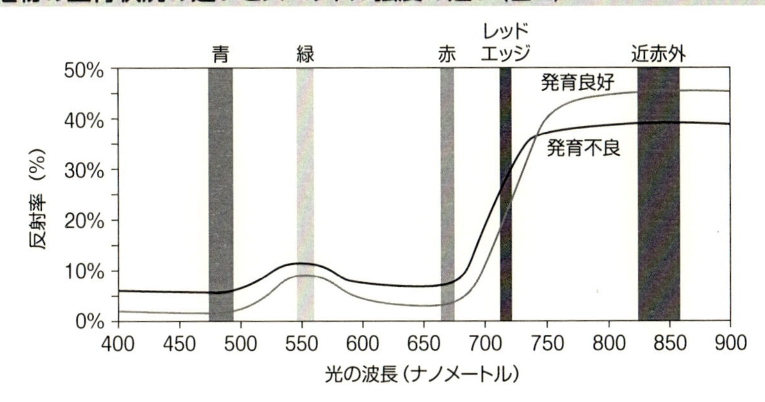

農業用マルチスペクトルカメラセンサー(図3)

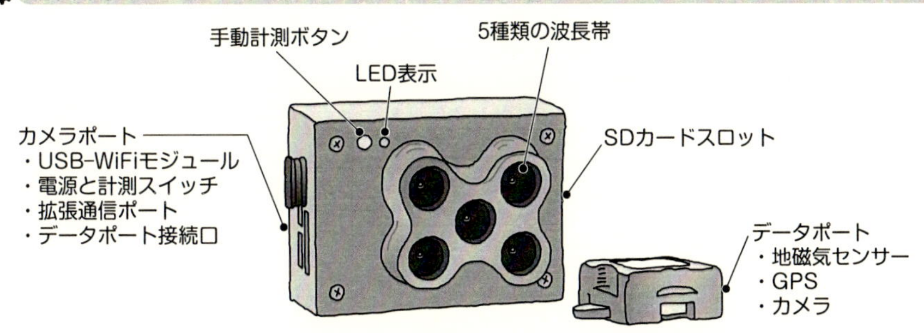

POINT

◎赤外線カメラセンサーは、発熱体の点検や人、動物の検出に使われる

◎特定の波長をモニタリングするスペクトルカメラセンサーは、精密農業に使われる

どんなセンサーを使う？　(5) 3D情報の取得

3D情報の取得のためには、距離情報や位置情報が必要です。レーザー測距や画像処理から、距離や位置の情報を得て3次元情報を取得します。

3次元情報取得には、測距観測で3次元位置情報のマッピングを行うSLAM (Simultaneous Localization and Mapping) や、トラッキングによる観測で3次元情報のマッピングを行うPTAM (Parallel Tracking and Mapping) などのリアルタイム3次元情報処理技術と、オルソ画像などの撮影後の後処理による3次元情報処理技術があります。

3次元情報のデータ収集装置としては、SLAMには距離計測が可能なレーザーレンジファインダー (LRF) が使用されます。画像情報をベースにしたP-TAMやオルソ画像などはカメラにより撮影された画像を情報源として3次元情報を取得します。

◪3Dレーザースキャナーによる3次元点群データの取得

3Dレーザースキャナーによる3次元情報は図1のように計測して点群データとして取得されます。点群の各々の点には測距データが含まれているため、3次元位置が特定されます。測定装置が大型であるデメリットがありますが、図2のように比較的大きなドローンになら搭載可能で、小型軽量化が進んだ3次元レーザースキャナーも製品化されています。

◪オルソ画像からの3D情報の取得

オルソ (ortho) とは、ギリシャ語で「正しい、ひずみのない」という意味の言葉でオルソ補正と呼ばれる撮影した画像を繋ぎ合わせて撮影点の差異によるひずみを補正した画像のことです。このオルソ補正作業を繰り返し図3のように距離を算出して3次元情報を取得する方法がドローンを利用した測量に使用されています。そのためには、正確な位置と一定高度での飛行および撮影など、カメラや撮影に関する技術と、オルソ補正処理に関する画像処理技術が必要となります。国土交通省の国土地理院で従来の2万5000分1地形図、空中写真等をデジタルデータとして平成21年度より整備された「電子国土基本図 (オルソ画像)」は、国土地理院より販売されています。

3Dレーザースキャナーによる3D点群データの取得(図1)

ドローン搭載型3Dレーザースキャナーの小型軽量化(図2)

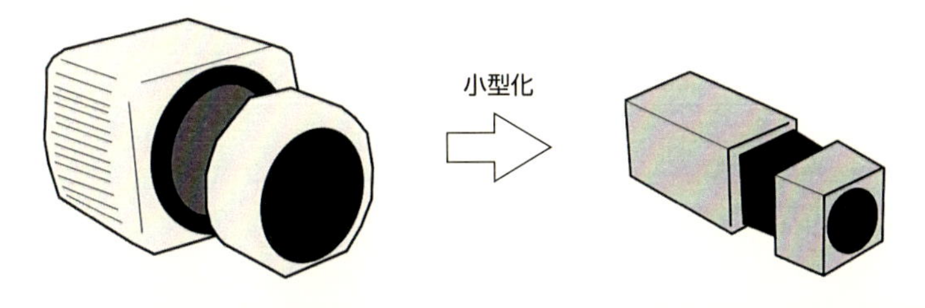

オルソ画像による3Dデータの取得(図3)

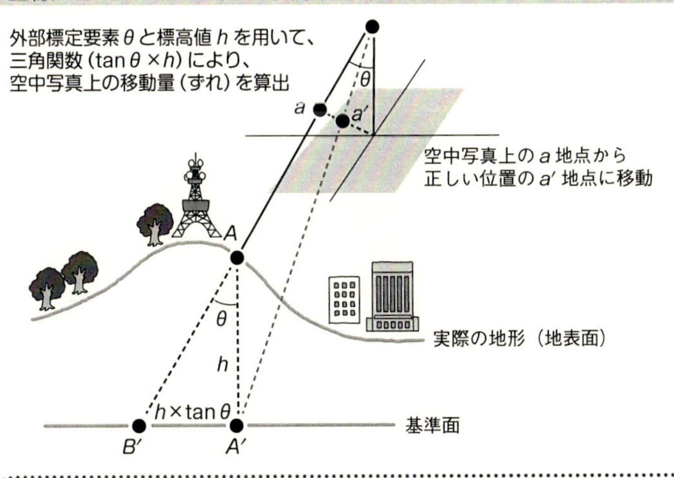

POINT
◎機材は高価であるが3D情報処理は早いレーザー測距による方法と、機材は安価であるが処理に時間を要する画像データ処理による方法がある

どんなセンサーを使う？ (6)熱センサー

熱センサーをドローンに搭載して上空から観測する飛行は機器の発熱や動物の体温などの観測を容易にします。その熱センサーは、どんな特徴を持っているのでしょうか？

ドローンに搭載される熱センサーとしては、サーモグラフィーや赤外線カメラがよく使われます。熱を検知することで、さまざまなことがわかることが多く、ドローンを用いた上空からの点検や、高所の点検などに使われます。では、その熱センサーがどのような仕組みになっているのか見ていきましょう。

◩赤外線の発見

赤外線を利用した熱センサーの歴史は、1800年頃に天文学者のウィリアム・ハーシェルが赤外線を発見したことに始まります。ハーシェルは天王星の発見者としても有名で、生涯400台以上の天体望遠鏡を製作したことから光学実験にも長けていて太陽光をプリズムにより分光した際に赤色より長い波長域に温度計を置く実験を行いました。その結果、温度計の温度を上昇させる目に見えない光、赤外線を発見しました。

◩熱センサーの原理

ハーシェルの発見した赤外線は、図1のように物体の温度によってピーク波長が変位する性質があります。温度放射と呼ばれる物体が赤外線を放射する現象は、低温でも起こる現象ですが、低温だと波長20 μm付近でないと観測されません。放射される赤外線のピーク波長λmは物体の温度をT℃とすると、ウィーンの式と呼ばれる、次のような式で求められます。

ピーク波長　$\lambda m = 2896/(T+273)\ \mu m$

この式より各温度での放射波長のピークを求めると図2のようになります。

図1のある赤外線波長で見ると、温度に応じたコントラストが得られるため、赤外線カメラでは体温を持つ動物などが夜でも映像として映し出されるようになります。ドローンに赤外線カメラを搭載して、夜の動物の行動観測を行った例があります。また、太陽光発電パネルの点検などにも利用されていて、故障した箇所がジュール熱で発熱するので温度が周囲と異なるために観測されるのです。

また、スペクトルで撮影された映像のピクセルごとにピーク波長を算出すると、正確な温度の違いによる映像が取得可能になります。

赤外線放射スペクトルの変位（図1）

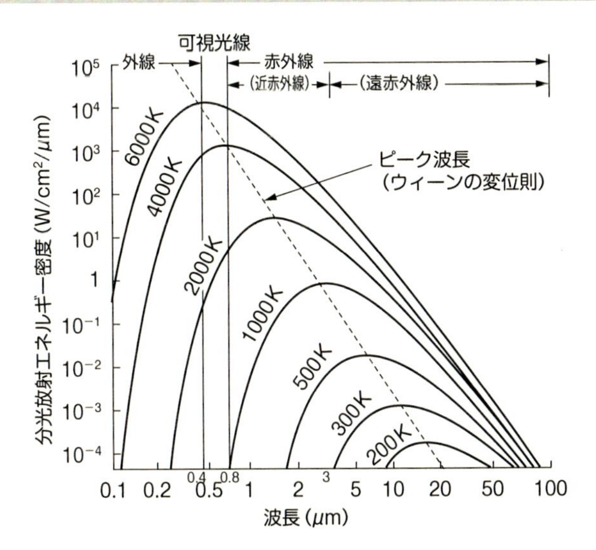

赤外線ピーク波長の変位（図2）

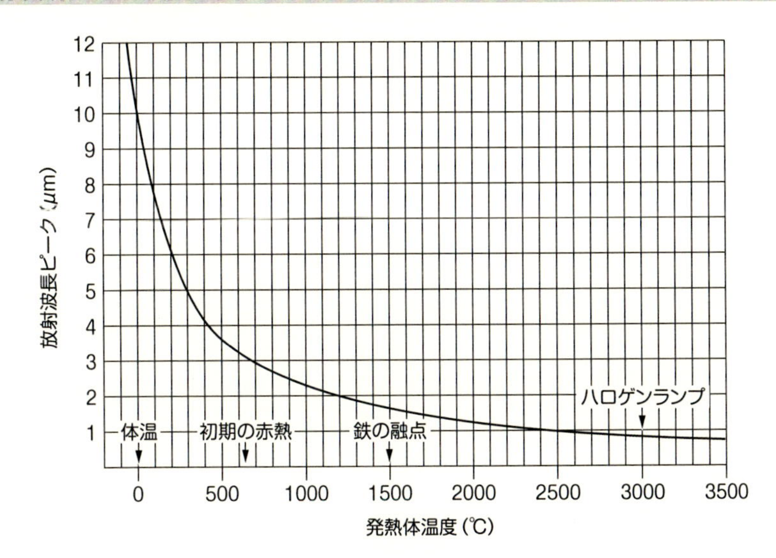

POINT

◎熱センサーは、温度放射の原理を使う

◎温度放射は、物質が持つ赤外線を放射する性質のこと

COLUMN 3

宇宙ステーションで使うドローン

珍しいドローンの一種として宇宙ステーション（ISS）で使われているドローンがあります。国立研究開発法人宇宙航空研究開発機構（JAXA）で開発された「JEM自律移動型船内カメラ（Int-Ball（イントボール））」です。

これは、地上からの遠隔操作により宇宙ステーション内の空間を移動して撮影するJAXA初の移動型カメラです。宇宙ステーションでは、無重力なので何もしなくても浮きますが、1気圧の空気があり、空調の流れがあるため風が存在します。このため、浮いているだけでなく、風に流されないように飛行する必要があります。このJAXAのイントボールには、誘導制御計算機・6軸慣性センサー・3軸ホイールを約50g、約31mm角サイズにまで凝縮した超小型三軸モジュールが搭載され、宇宙ステーションの室内の位置認識用マーカーを用いて無重力空間にピタッと止まっていることができるようです。地上のドローンと異なるところは、人工衛星の姿勢制御に用いられるリアクションホイールによる姿勢制御が行われている点です。

無重力ならではの仕組みと宇宙ならではの技術が使われているところが注目です。宇宙ステーションで使われるドローンの目的は、宇宙飛行士の仕事を少しでも肩代わりしてクルーリソースの効率を上げることです。人の代わりに役に立つところは、地上のドローンでも宇宙のドローンでも同様の重要な共通点です。

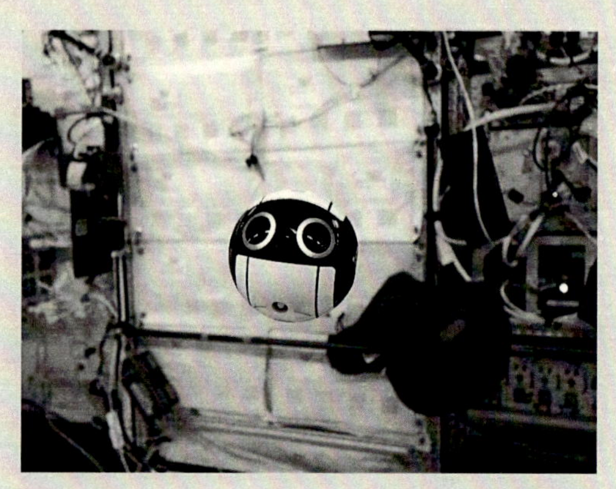

Int-Ball（イントボール）は、国立研究開発法人宇宙航空研究開発機構（JAXA）が開発した宇宙ステーション用ドローン。写真提供：JAXA/NASA：http://jda.jaxa.jp/result.php?lang=j&id=d5d407bc081272bc4b1bc01a4428264e

第4章

ドローンの操縦と飛行メカニズム

どんな機体が良い？

ドローンの機種によっては、さまざまな機能が搭載されていますが、操縦レベルに応じて機体をどのように選定すればいいのでしょうか？

ドローンは、屋外での飛行に適した機体と屋内での飛行に適した機体に大別できます。屋外と屋内での機体の差は、機体の大きさに加えて「GPS」「姿勢制御」「高度維持センサー」「衝突防止センサー」などの機能の有無により飛行の安定性が異なるため、飛行場所に合わせた機種選定が重要になります。

◩姿勢制御機能

ドローンの飛行時は、機体の姿勢が常に変化しますが機体を水平に保てるように「ジャイロセンサー」が搭載されている機体があります。

ジャイロセンサーを搭載したドローンは、姿勢の制御を行いながら揚力を失わないようにモーターの出力を変えることによって安定したホバリングが可能で、初めてドローンを操縦する場合には必要な機能になります。

◩高度維持機能

ドローンは、モーターの回転数の制御により自由に上昇させたり下降させたりすることが可能ですが、プロペラ周囲の気流の乱れからホバリング状態でも自然に上昇したり下降したりすることがあります。そのため、ホバリングしていても自然と機体が上下に動いてしまい、操縦が難しくなることがあります。

ただし、最近の機体には、高度維持機能として「気圧高度センサー」や床までの高さを測定するための「超音波センサー」や「ビジョンポジショニングセンサー」などが搭載されている機体もあります。この機能を搭載した機体は、屋内でも安定した飛行ができるようになりました。

高度維持機能を搭載した代表的な機体としては、Parrot社の「Bebop2」「Manbo」、DJI社の「Phantom4 Pro」「Inspire2」「Mavic Pro」「Spark」などがあります。初めてドローンを操縦するときは、ジャイロセンサーや高度維持機能を搭載した機体にすることで安定した飛行制御が自動で行われるため、比較的簡単に前後左右や上下させることができ、操縦方法を早く覚えることが可能です。なお、操縦が慣れてきて簡単に飛行できるようになったら、センサーがない機体も飛行させてみましょう。また、飛行と操縦ログを取得できるブルーイノベーションとAEEによる機体も操縦の上達度を把握するのに最適です。

姿勢制御機能

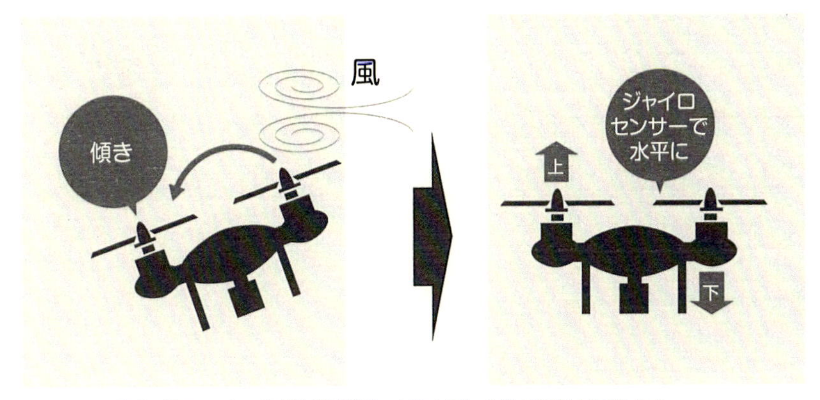

風が吹いて機体が傾いても、姿勢制御機能により水平に自動で機体が戻ります。

高度維持の方法

気圧高度センサーが
高度を自動で維持

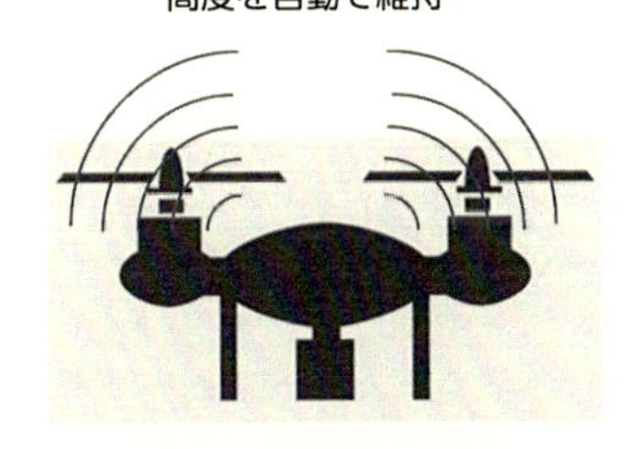

気圧高度センサーにより気圧の変化を検出することで、高度を知ることができます。機体高度が上がると気圧は低く、高度が下がると気圧は高くなります。

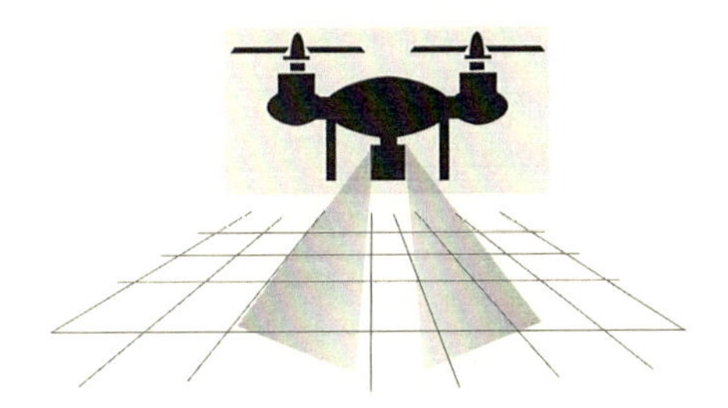

ビジョンポジショニングセンサーによる床のスキャンイメージ。

POINT
◎ジャイロセンサーは姿勢制御に活用
◎高度維持は気圧高度センサーに加えて超音波センサーやビジョンポジショニングセンサーも併用されている

4-2 空中で止めるには？　四角を描くには？

ドローンを安全に飛行させられるようになるには、的確な操縦が必要になります。そのためにはどんな練習をすればいいのでしょうか？

屋内での飛行は、「GPS」による位置制御機能が使えないため、離陸時に水平方向に大きく移動したり、高さ方向も安定せず上下に浮遊したりします。そのため、屋内でドローンを飛行させるには、飛行させる機体に搭載されている機能を事前に確認する必要があります。なお、機種によっては、離陸後に前後左右に流されてしまうため、わずかなずれなどを微調整するトリム調整を行わなければならない場合もあるので、初心者は可能な限り広い場所で飛行させましょう。

◩初めての操縦

ドローンを屋内で安定して飛行させるには、ホバリング技術が重要になります。屋内の飛行では、壁や天井から機体が吹き下ろした風が反射してくるので前後左右に自然と流されてしまいます。そのため、操縦者は、機体が流される方向と逆向きの舵を常時打ち続ける必要があります。

最初の練習は、離陸後に目線の高さ程度まで上昇し、前後左右に流されないようにその場に静止できるよう練習をしましょう。この空中で静止した状態をホバリングといいますが、操縦の基本操作になるので初めに練習しましょう。

◩水平移動

ホバリングできるようになったら次に前後左右に水平移動の練習を行います。練習では、図2のように四角形に目標位置を決め前後左右に練習しましょう。操縦者は、左右の距離感は把握しやすいのですが、前後の移動時に奥行を把握しにくいので、小さな四角から徐々に大きな四角で練習すると距離感を掴みやすいです。また、飛行高度が変わると距離感も変わって感じるのでいろいろな高度で練習するようにしましょう。なお、屋内で水平移動後に機体を静止させる場合、「GPS」による位置制御機能が使えないため、舵を緩めても止まらずに惰性で壁などに衝突する恐れもあります。静止させる場合は、静止させる瞬間に進行方向と逆向きの舵を入れると止まりやすくなります。これは、当て舵（逆舵）と言われ、GPSが使用できない場所での飛行に有効ですので練習してみましょう。

また、壁の近くを飛行させるとプロペラから生じる下向きに巻き込む気流の影響で壁に吸い寄せられ、操縦が効かなくなることがありますので注意しましょう。

初めての飛行（図1）

水平移動（図2）

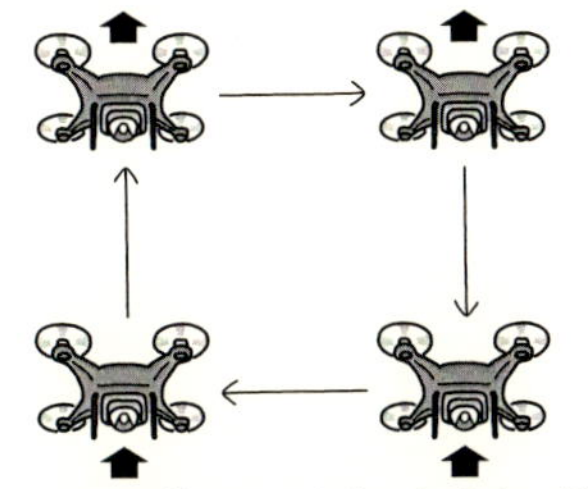

ドローンは常に正面を向いたままの状態

⬆：ドローンの向き
↑：ドローンの進行方向

水平移動は、ドローンの背後に立ち、機首の方向を変えずに前後左右に移動する練習をしましょう！

当て舵（逆舵）（図3）

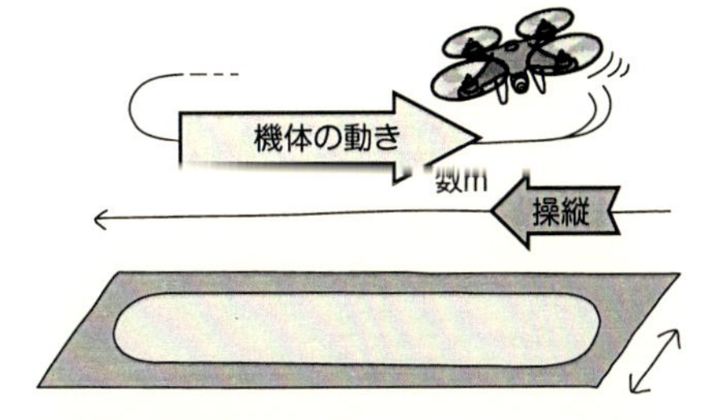

屋内の水平移動では、静止させるときに進行方向と逆舵を行うと惰性により流されることなく静止させることができます。

POINT
◎機体が左右に流れる場合はトリム調整を行う
◎初めての飛行はホバリング練習
◎飛行の基本練習は水平移動

向きを反転させて飛ばすには？　8の字を描くには？

ドローンを安全に離陸や着陸させることができ、水平飛行させられるようになりました。次に何を練習すれば良いでしょうか？

ホバリングや前後左右の移動が安定してできるようになったら、機体の向きが回転しても安定した飛行ができるように練習しましょう。機体の向きを変えるのは、ラダーを操作します。位置制御がない機体でラダー操作を行う場合には、機体が左右方向に流れやすいので、慣れない内は機体の向きを45度、90度と徐々に変え、慣れてきたら機体正面から180度向きを変えて操縦練習しましょう。

◩対面飛行

機体の前面が操縦者の方向を向いている状態を対面と呼びます。初めての対面飛行練習では、機体正面から180度向きを変えるのではなく、10～15度ずつ向きを変えるとともに体の向きも機体の向きに合わせて変えていくと操縦しやすくなります。慣れてきたら体は正面を向いたまま操縦し、機体の向きを時計回り、反時計回りどちらの向きでも回転させられるように練習しましょう。

飛行の高さは、目線高（床から1.5m程度）から始め、可能であれば0.5mや2mと高さを変えて練習してみましょう。練習では、操縦時の機体の見え方が変化しても同じように飛行できるように練習しましょう。

◩8の字飛行

ここまでは一定方向の向きでの飛行練習がメインでしたが、連続した飛行練習を行います。ドローンの向きを変えずに四角形の移動ができたら、進行方法に機首を向けて四角形を移動させます。このとき、右回り、左回りと進行方向を変えて練習すると効果的です。

次に、四角形に慣れてきたら徐々に円形にしていきましょう。円形飛行では、ドローンの機首を進行方向へ向けたり、円の中心に向けて飛行させてみましょう。なお、円の中心に向けた状態で円形移動させることをノーズインサークルと呼びます。最新機体では、手軽に自動飛行させることもできるようになってきました。ここまでできるようになったら最後は、8の字飛行の練習です。円形飛行の右回り、左回りを連続して行うことで8の字移動が可能になります。

最後は、ドローンの向きや円の大きさを変えて練習し、どの向きでも安定して飛行できるようになりましょう。

対面飛行

45度や90度などに角度を変えてホバリングの練習をしよう！

8の字飛行

初めは、ノーズインサークルの右回り、左回りだけの練習を行い、慣れてきたら連続して飛行させて、8の字の練習をしてみましょう！

POINT
◎対面飛行での操縦方法をマスターしよう！
◎直線飛行をマスターしたら円形の飛行に挑戦
◎自由な飛行目指し8の字飛行をマスターしよう！

FPVで飛ばすには？

FPVとは「First Person View」の略で、リアルタイム映像を見ながら操縦できる操縦方法です。FPVは、どのような点に気をつければ良いのでしょうか？

FPV飛行は、ドローンに取り付けられたカメラからの映像をタブレットやヘッドマウントディスプレイなどでリアルタイムに見ながら操縦することが可能で、自分が飛行しているかのような感覚を味わえます。FPVは、90年代にラジコン愛好家グループが監視カメラ、小型モニター、小型映像伝送装置を組み合わせて固定翼型ラジコン飛行機に搭載し飛行させていた記録があり、2010年にフランスのParrot社がFPV飛行可能なAR Droneを発表し、広く認知されました。

◪関連法規

航空法では、目視範囲内で無人航空機とその周囲を常時監視して飛行させることになっていますが、FPV飛行については目視外飛行に該当するため各航空局に許可申請を行い、承認を得てから飛行させるようにしましょう。なお、目視外飛行の承認は、ドローンの能力、操縦者の操縦技能、安全体制などを総合的に勘案し、人や物件の安全が損なわれる恐れがないと認められる場合に承認されます。また、ドローンレースで映像伝送に用いられる電波は、5.8Ghz帯の無線機が使われることがありますが、利用する場合には「アマチュア無線4級」を取得し、無線局の開局についても申請する必要があるので注意が必要です。

◪飛行場所

目視外飛行を行う場合には、飛行させようとする経路及びその周辺を事前に確認し、飛行状況及び周囲の気象状況の変化などを常に監視できる補助者を配置し、補助者が操縦者に安全に飛行させることができるよう必要な助言を行える体制を整える必要があります。ただし、飛行経路の直下やその周辺に第三者が存在している蓋然性が低いと認められる場合は前述の限りではありません。

◪練習方法

航空法の目視外飛行の申請では、操縦者の技能としてモニターを見ながら遠隔操作により意図した飛行経路を飛行させることや安全に着陸させることが求められます。そのため、練習ではモニターを見ながら飛行させた場合の映像の見え方と実際の飛行高度の違いや障害物までの距離感の違いなどを確認するようにしましょう。特に、事前に飛行ルートをよく確認することが重要です。

目視外飛行の対象となる飛行方法

FPVでの飛行

モニターを見ながらの飛行

ドローンに関係する周波数帯

分類	無線局免許	周波数帯	送信出力	利用形態	備考	無線従事者資格
免許及び登録を要しない無線局	不要	73MHz帯等	※1	操縦用	ラジコン用微弱無線局	不要
	不要※2	920MHz帯	20mW	操縦用	920MHz帯テレメータ用、テレコントロール用特定小電力無線局	
		2.4GHz帯	10mW/MHz	操縦用 画像伝送用 データ伝送用	2.4GHz帯小電力データ通信システム	
携帯局	要	1.2GHz帯	最大1W	画像伝送用	アナログ方式限定　※4	第三級陸上特殊無線技士以上の資格
携帯局 陸上移動局	要※3	169MHz帯	10mW	バックアップ回線用	無人移動体画像伝送システム(平成28年8月に制度整備)	
		2.4GHz帯	最大1W	操縦用 画像伝送用 データ伝送用		
		5.7GHz帯	最大1W	画像伝送用 データ伝送用		

※1：500mの距離において、電界強度が200μV/m以下のもの

※2：技術基準適合証明等（技術基準適合証明及び工事設計承認）を受けた適合表示無線設備であることが必要

※3：運用に際しては、運用調整を行うこと

※4：2.4GHz及び5.7GHz帯に無人移動体画像伝送システムが制度化されたことに伴い、1.2GHz帯からこれらの周波数帯への移行を推奨している

◎FPVとは、リアルタイム映像を見ながら操縦できる操縦方法

◎目視外飛行には、補助者や申請が必要となる

操縦免許は必要？

ドローンを操縦するときに、免許のような資格が必要になるのでしょうか？

◩我が国における操縦ライセンス

我が国において、無人航空機（重量200g未満）および模型飛行機（重量200g未満）の操縦に関しては、国は特に操縦の免許・ライセンスを定めておりません。しかし、無人航空機に関しては、人口集中地区（DID：Densely Inhabited District）での飛行や目視外飛行など、許可・承認を要する飛行を行う際には、最低限10時間の飛行経歴があることが、許可条件の1つとして求められています。自動車運転免許のような免許による資格ではなく、飛行経験や知識、操縦の技能レベルを求められています。許可申請にあたり、飛行経歴や知識の有無、操縦の技能が適合するか否かを許可申請書に記入します。

◩操縦技能講習の受講

今日、我が国では民間団体によるドローンの操縦技能講習が普及し始めており、初心者から高度なレベルまでを対象に、独自のカリキュラムによる法規、技術、操縦技能などの講習が実施されています。

許可・承認を要する飛行を行うときの許可申請において、民間の講習団体の操縦技能講習を受講し技能認証を取得した操縦者は、申請書の書類の一部に代えて、技能認証の写しを提出することもできます。その際には、「発行した団体名、操縦者の氏名、技能を確認した日、認証した飛行形態、対象となる無人航空機の種類」が記載された証明証などの写しを申請時に提出します。ドローンの操縦技能講習を行う民間の講習団体や管理団体は、国土交通省航空局のホームページに記載されています。

操縦者が当該団体などの講習を受けるかどうかはあくまで任意であり、講習を受講しない者でも、飛行許可・承認の手続は可能です。

JUIDAでは日本で初めてとなる無人航空機の操縦士および安全運航管理者養成スクールの認定制度をスタートし、全国で講習が行われています。

JUIDAが発行するライセンス

JUIDA 無人航空機 安全運航管理者証明証

JAPAN UAS INDUSTRIAL DEVELOPMENT ASSOCIATION　PILOT / FSO

氏名　大空　高志

No.　FSO-XXXXX

生年月日　XXXX年XX月XX日

取得　XXXX年XX月XX日

期限　XXXX年XX月XX日

一般社団法人 日本UAS産業振興協議会

無人航空機の運航に関わる十分な安全と法律の知識を有し飛行業務の安全を管理する者

JUIDA 無人航空機操縦技能証明証

JAPAN UAS INDUSTRIAL DEVELOPMENT ASSOCIATION　PILOT

氏名　大空　高志

No.　PLT-XXXXX

生年月日　XXXX年XX月XX日

取得　XXXX年XX月XX日

期限　XXXX年XX月XX日

一般社団法人 日本UAS産業振興協議会

無人航空機を安全に飛行させるための知識と操縦技能を有する者

POINT

◎我が国ではドローンの操縦免許はないが、許可を要する飛行を行う際には、一定の知識・操縦技能が必要

◎操縦技能の講習も全国的に普及してきている

どんな法律を知っていれば良い?

ドローンを運用するにあたり、知っておくべき法律があります。飛行の制限に関する法律だけでなく、さまざまな法律・条例があります。

◩改正航空法

・無人航空機とは、人が乗ることができない構造の固定翼機、回転翼機、滑空機、飛行船などで、エンジンやバッテリーなどを含む重量が200g以上のもの。200g未満は模型飛行機と呼び区別をしています。

・無人航空機の飛行で許可が必要な空域は、①地表または水面から上空150m以上の空域、②空港周辺、③人口集中区地域です。

・無人航空機で許可・承認が必要な飛行方法は、①目視の範囲外での飛行、②夜間、③第三者の人や物から30mの距離内、④イベントや催し場での飛行、⑤危険物の輸送、⑥物品の投下

◩その他の法律

・小型無人機等飛行禁止法（正式名称：国会議事堂、内閣総理大臣官邸その他の国の重要な施設等、外国公館等及び原子力事業所の周辺地域の上空における小型無人機等の飛行の禁止に関する法律）：上記の場所などの敷地及びその周囲おおむね300mの地域では無人航空機や模型飛行機などの飛行は原則禁止です。

・電波法：ドローン及び地上から操縦する電波の周波数と強度は国の許可を得る必要があり、技術基準適合製品を使わなければなりません。

・個人情報保護法：撮影した画像や所有物などを無断で不特定多数の人に公開すると、個人情報保護法違反になる場合があります。

・道路交通法：道路上の人、車両などの通行や安全に影響する行為に関しては所轄警察署から許可を得る必要があります。

・民法：第207条に「土地の所有権は、法令の制限内において、その土地の上下に及ぶ」と規定されており、無断で他人の土地の上空飛行はできません。

・刑法：不注意により鉄道、船舶などの安全な往来や破損事故などを起こした場合「過失往来危険罪」に問われることがあります

・廃棄物の処理及び清掃に関する法律（産廃法）：電子回路などを含むドローンの廃棄は勝手に処理してはなりません。

・地方条例：都道府県などの条例では公園などでの飛行禁止を求めています。

無人航空機の飛行禁止空域と飛行方法

飛行禁止空域

※飛行させたい場合には、国土交通大臣の許可が必要です。

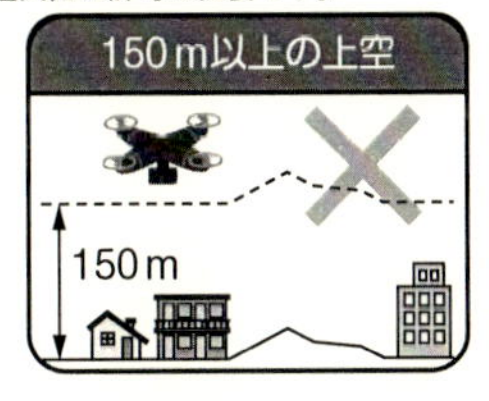

飛行の方法

これらの方法によらずに飛行（例：夜間飛行、目視外飛行等）させたい場合には、国土交通大臣の承認が必要です。

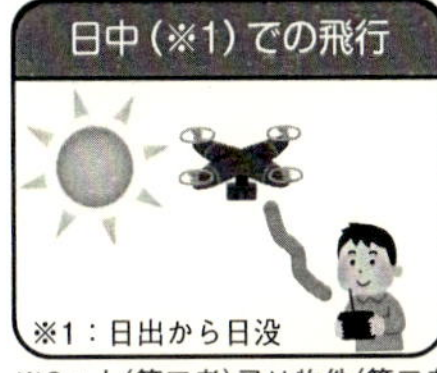

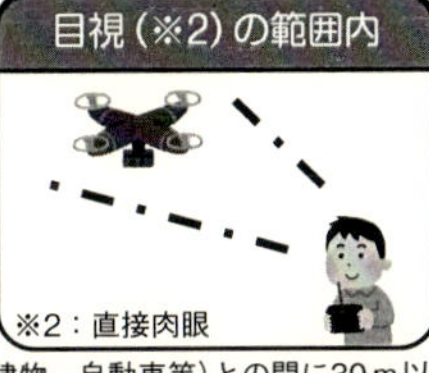

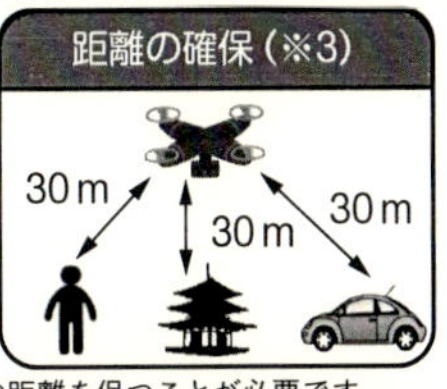

※3：人（第三者）又は物件（第三者の建物、自動車等）との間に30m以上の距離を保つことが必要です。

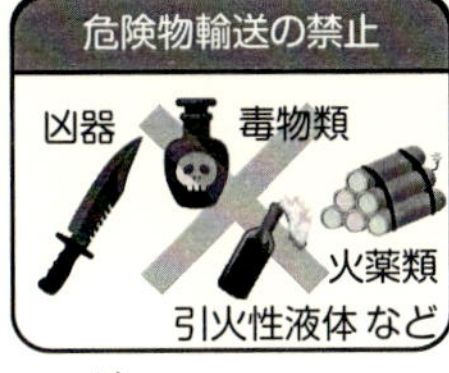

出典：国土交通省航空局Webページ

許可を必要とする空域

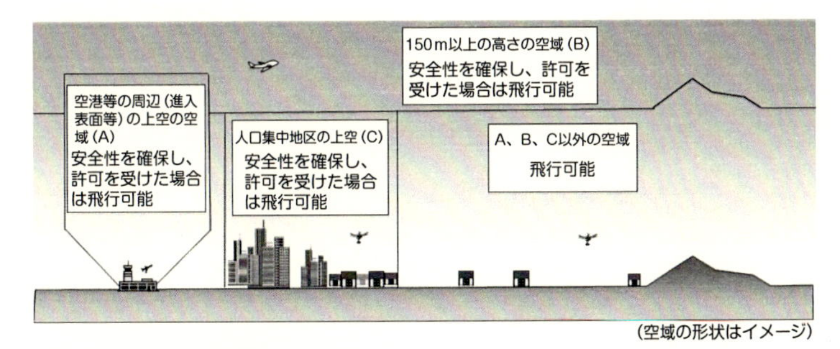

出典：国土交通省航空局Webページ

POINT

◎改正航空法：飛行方法や飛行空域による許可申請が必要

◎電波法：技術基準適合製品を用いなければならない

どこで練習すれば良いの?

ドローンを飛行させる場合、航空法や民法など飛行許可の必要性を確認しなければいけません。屋内の飛行には、航空法の許可がいらないのでしょうか？

屋外でドローンを飛行させる場合には、航空法や民法などの関連法規を遵守して、許可・承認を得て飛行させなければなりませんが、屋内の場合には航空法の適用範囲外となります。つまり、屋内での飛行は、所有者、施設管理者の許可を得れば飛行可能になります。自宅の部屋などで飛行させる場合は、自分が許可すれば飛行可能ということになります。

◩飛行許可

国土交通省航空局作成の「無人航空機（ドローン、ラジコンなど）の飛行に関するQ&A」では、無人航空機が飛行範囲を逸脱することのないように、四方や上部がネットなどで囲まれている場合は、屋内とみなすことができますので、航空法の規制の対象外となり許可は不要と記載されています。つまり、ゴルフ練習場、体育館、倉庫、イベントホールなど四方と上部がネットや壁で囲われていて、ドローンが外に出ることがない場所が屋内になります。ただし、ゴルフ練習場などの施設で上部をネットで覆われていない場合には、屋内に当らないので航空法の適用エリアになりますので注意が必要です。

◩飛行場所について

初めてドローンを購入して飛行させる場合、飛行場所を確保することが必要になります。屋外での飛行は、民法および航空法などの適用可否を確認し飛行させることが必要なため、ドローンを購入する前に予め飛行場所の許可・承認の必要有無を確認しましょう。もし、周囲に飛行可能な場所を確保できない場合は、購入する機体を屋内用の小型機を選定し、屋内練習から始めるようにしましょう。飛行に必要な空間は、使用する機体によって異なりますが、6畳ほどの空間であれば、ドローンが飛行時に吹き降ろす風を考慮して、手の平に乗るほどの機体で練習するのが良いでしょう。

なお、一般社団法人日本UAS産業振興協議会（JUIDA）では、全国に操縦士および安全運航管理者養成のための認定スクールがありますが、練習場として場所を提供しているスクールもあるので各スクールに確認してみましょう。

飛行場所

JUIDA・GOKOつくば試験飛行場

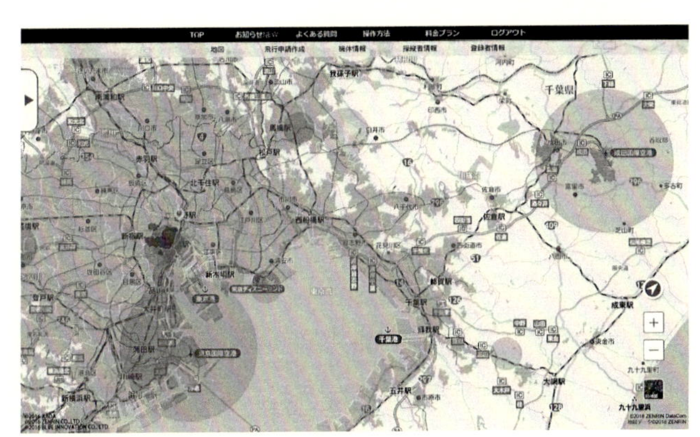

出典：SORAPASSMAP

このWebページでは、人口集中地区や空港、その他重要施設を確認することができます。また、飛行可能施設も表示されています。
飛行場所で必要な許可・承認について、飛行前に確認するようにしましょう！

飛行空域

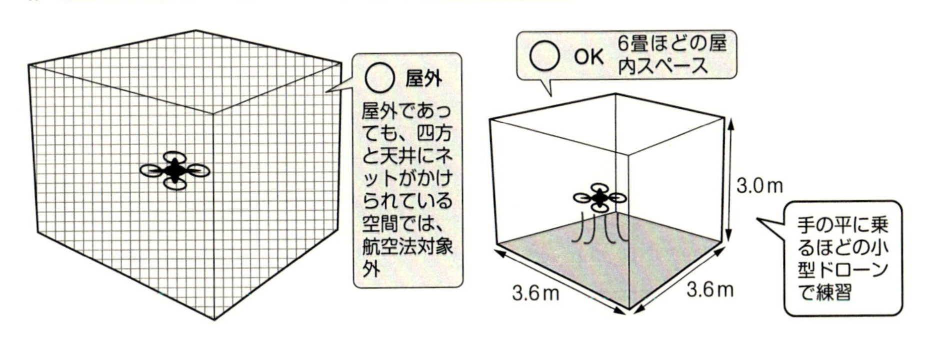

◎航空法の適用範囲を確認しよう！
◎前後左右、天井が囲まれた場所は屋内で航空法適用外

何を準備すれば良いの？

ドローンの飛行には、機体や操縦機のほかに何か必要な機材はあるのでしょうか？

ドローンには、撮影可能な機体が多く、リアルタイムに撮影している映像を確認することが可能です。多くの機体には、スマートフォンやタブレットに専用アプリが用意されており、アプリを通じて撮影している映像の確認を行います。なお、撮影映像だけでなく、飛行高度や飛行位置、バッテリー残量などの機体のステータスから撮影時の画質や露出情報などのカメラ設定情報も合わせて確認できる機体もあります。飛行時のバッテリー残量などの情報は、安全に運行させるためには非常に有効になるため、積極的に活用しましょう。

◩必要な機材

ドローンを飛行させるには、機体本体、バッテリー、送信機があれば飛行可能です。ただし、安全に飛行させるには、飛行環境などに合わせて機材を準備することも重要です。屋外での飛行時には、風などの気象影響を考慮しなければならず、風速計を準備する必要があります。飛行させる機体により耐風性能は異なりますが、地上風速5m/s以下で飛行させるのが好ましいです。なお、飛行エリアや飛行方法で航空法の許可・承認が必要な場合、許可承認書を飛行させる現場に持っていく必要がありますので注意しましょう。

◩持っていると便利な機材

ドローンに搭載されているフライトコントローラーや通信システムなどの多くは、ファームウェアのアップデートが定期的に行われます。時には、飛行場所で急にアップデートが必要になり、アップデートを行わないと飛行できない場合もあるため、ポケットWiFiなど通信機材を準備することも必要です。

そのほか、ドローン機材の多くは、バッテリー供給が多く、タブレットなどの本体に直接給電が必要な機材も多くあります。冬場など気温が低い場所でのバッテリーは、夏場と比較しても駆動時間が短くなる傾向にあるため、タブレットなどを1日中継続して使用することは難しいのが現状です。そのため、電源を確保できない場所では、モバイルバッテリーや発電機などを準備するとドローンを1日中運用しても電源に困ることはありません。また、突発的な雨など天候変化に備えて、ブルーシートなどがあると安心です。

必要な機材

本体

バッテリー

送信機（プロポ）

風速計

必要な機材＋持っていると便利な機材

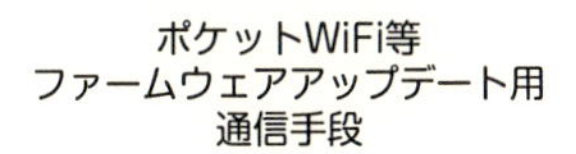

ポケットWiFi等
ファームウェアアップデート用
通信手段

雨避け用のブルーシート

発電機

POINT
◎飛行現場では風速計で状況を確認する
◎ファームウェアのアップデートに備えて通信機器（WiFi）を準備
◎外でも充電ができるように電源があると便利

最初の飛行に必要なものは？

ドローンを初めて飛ばす前の確認事項にはどんなものがあるのでしょうか？

ドローンの多くは、機体本体に電源を入れると同時に自動でセンサー各種のキャリブレーションや位置情報の取得を行います。ドローンを安定して飛行させるには、電源を入れる段階から手順や周囲の確認を行うことが重要です。

◪キャリブレーションについて

多くの機体は、電源投入時に「GPS」「ジャイロセンサー」「気圧高度センサー」などの設定（キャリブレーション）が自動で行われます。そのため、GPSを補足しにくい場所や斜面などで電源を投入すると上手く設定されない場合があるので、エラーが出たときには離陸場所の移動や電源を入れ直してみましょう。また、機体には、機体の向きを把握するための「コンパス」と呼ばれる地磁気センサーが搭載されている機体があります。このセンサーのキャリブレーションは、機体本体を水平方向や垂直方向に回転させることで、設定できる機種が多いのが現状です。なお、飛行時の不具合の原因の1つには、コンパスエラーも多いので丁寧に実施する必要があります。コンパスキャリブレーション時の注意点としては、鉄製のものは身につけないことや鉄骨の構造物の近くで実施しないことなどが重要になります。

◪飛行場所のチェック項目

屋外で飛行させる前には、障害物の有無、風の有無、第三者が侵入する可能性のある場所など周囲の状況を予め把握していることが重要です。特に、地形の起伏がある場所や周囲にビルがあるような場所では、突発的な風が生じて機体に大きな影響を及ぼす可能性がないかなどを確認しましょう。また、操縦地点から目視しづらい障害物がある場所や第三者の侵入の恐れがある場所では、適宜補助員を配置し、安全を確保したうえで運用するようにしましょう。

屋内で飛行させる場合には、床の確認が非常に重要です。特に、オフィスなどで飛行させる場合は、タイル下に鉄板などが敷かれてる場合も多く、コンパスエラーが非常に生じやすいので注意が必要です。コンパスエラーが生じる場合は、離陸を床からでなく、台などの上から行うとエラーが生じなくなります。

コンパスエラー

鉄製の構造物や自動車の近くでキャリブレーションを行ってはいけません。

オフィス等で飛行させる場合は、タイル下に鉄板等が敷かれてる場合も多く、コンパスエラーが非常に生じやすいので注意が必要です。

◎地磁気センサーのキャリブレーションを行う
◎地磁気に影響を及ぼす環境か事前にチェック
◎飛行直前も飛行場所の周囲を確認しよう

風はどうして起きる？

ドローンは飛行体なので、風の影響を受けて挙動が変化します。風の発生メカニズムを知っておくことは、安全な運用につながります。

◩ドローンと風

ドローンは飛行体ですので、飛行中は、風の影響を受けて挙動が変化します。ドローンには、GPSや気圧高度センサーなどのセンサーの補助を受けて、自ら姿勢を安定させ、位置を保つ機能を持ちます。しかし、強い風や気流に対しては、姿勢や位置を制御しきれない場合もあり、最悪の場合は、墜落・落下します。

したがって、ドローンを飛行させる際には、天候や周囲の風の変化に常に注意を払い、安全と判断できるときのみに飛行を行いましょう。

◩風の発生

風は空気が流れることで生じます。では、なぜ空気が流れるのか？　それには熱が関係しています。太陽の熱エネルギーは地面や海面などを温め、これらを通じて空気が暖められます。暖められた空気は軽くなり、上空へ上がるため、上方向の流れ（上昇気流）が生じます。上昇気流が生じている地表面・海面付近は、分子密度が低くなり「低気圧」になります。逆に冷たくなった地上付近では、空気が収縮して分子密度が高くなり「高気圧」状態になります。「気圧差」がある状態では、一定の気圧になろうと空気が作用するため、気圧が「高い」方から気圧が「低い」方へと空気の流れが生じます。このため、「低気圧」の地上付近では風が吹き込み、「高気圧」の地上付近では風が吹き出します。

◩風が強くなる場所

地上付近から高度を上げると風は強くなります。これは、空気の流れも地表面の摩擦の力を受けるためです。地表面付近は摩擦の力を受けて風が徐々に弱まりますが、高度が高いと遮るものが少なくなり地表面の摩擦の影響も少なくなるため、風が強くなるのです。したがって、周りに木や建物などがある場合、地表近くでは風が弱くても、木や建物以上の高度まで上がると急に風が強まることがあります。ドローンで高度を上げる際には注意が必要です。

また、地形や構造物の周囲を飛行させる際に十分な注意が必要です。風が吹いた際に建物の近くでは空気の流れが変化し、流れが強くなる所や流れの方向が異なる所があります。

高気圧と低気圧の特徴

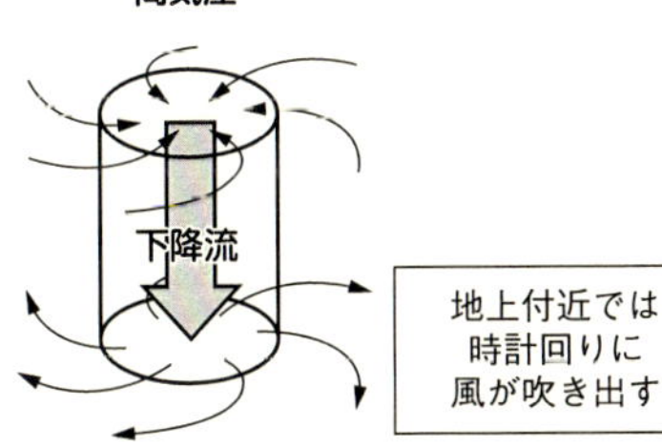

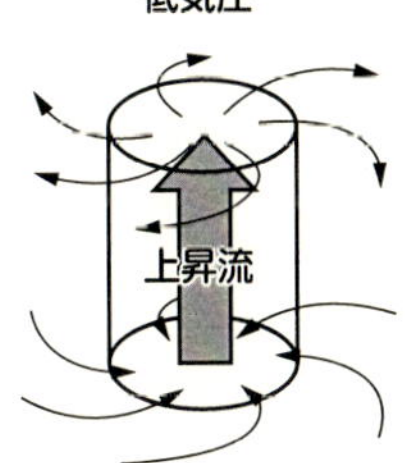

海陸風

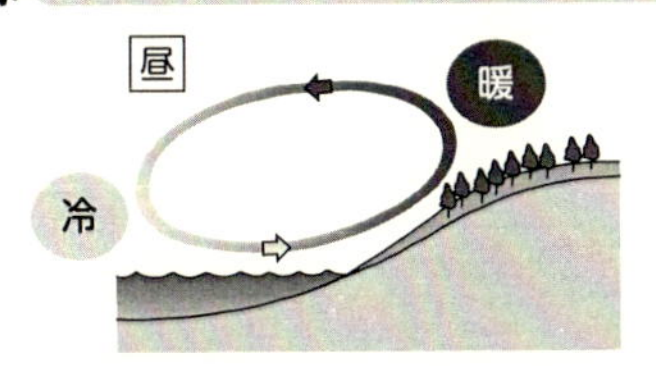

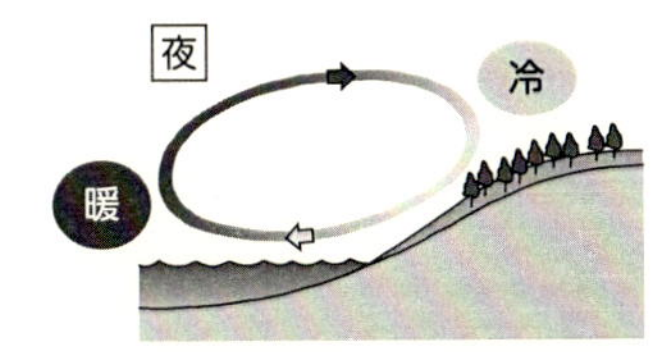

海と陸の温度差により、昼夜に吹く風が逆転します。

山谷風

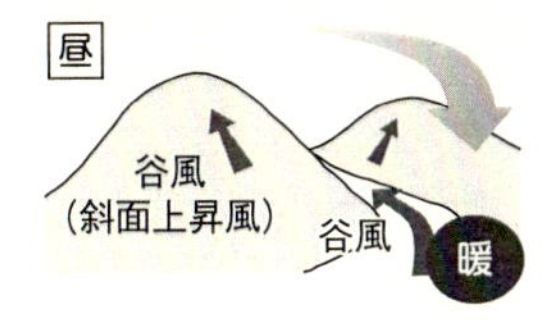

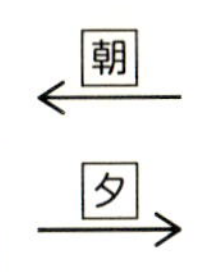

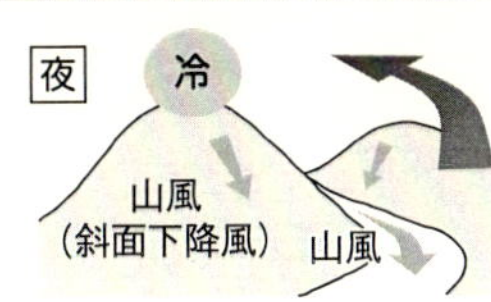

昼夜の寒暖差により、昼には山の斜面を上るように吹く風や谷間に吹き込む風が、夜間は山から吹き下ろす風や谷間から吹く風が発生しやすくなります。

ビル風

風の強まる場所
- 風の当たる前面の屋上付近（最も強い！）
- （吹いてくる風に対して）ビルの両側
- ビルから一定距離離れた背後の部分

風の弱まる場所
- ビルの風下背後、ビルの近傍
- 屋上のすぐ近く

風の乱れる場所
- （吹いてくる風に対して）ビルの両側背後

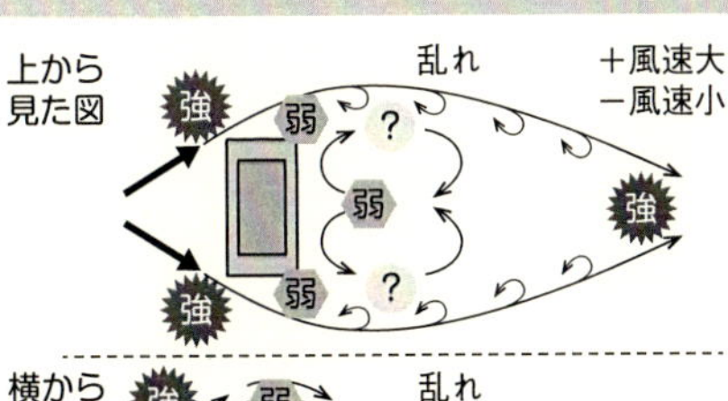

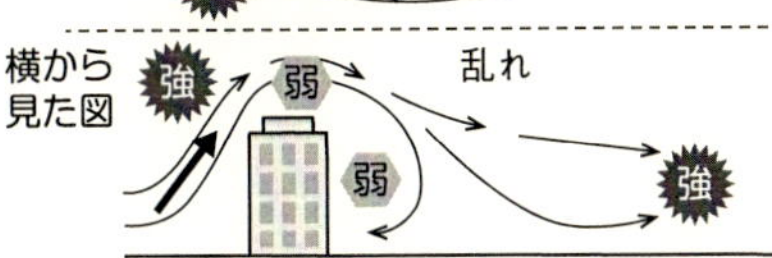

POINT
- ◎ドローンは強い風や気流に対して、制御しきれない場合がある
- ◎気圧が高い方から気圧が低い方への空気の流れがある
- ◎風が強くなる場所は飛行注意

気象情報はどこから得る?

ドローンを運用するときに、事前やリアルタイムの気象条件を知ることは、安全な運用を行ううえで重要になります。

◩事前の気象情報の入手

インターネットの気象庁のホームページや、テレビ・ラジオでの天気予報などでは、1週間ほどの天気予報や気圧配置図などの情報が入手できます。飛行計画の確認や見直し、飛行予備日の設定などに活用できます。

また、上空や地上付近の風速や風向（風の向き）などの情報も、同じく気象庁や一部のインターネットサイトなどで入手できます。風の強さなどが事前に判断できるので、事前に強風のリスクなどを判断できます。

日本では夏頃から秋にかけて台風が来襲します。台風の予報には、進路情報や通過または上陸する日時などが含まれており、降雨・強風などのリスクなどを判断できます。気象予報には、雲量の予報なども入手できます。雲量とは空全体を占める雲の量のことを示しています。雲量が判断できれば、ドローンでの空撮の機会や、各種点検のコンディションの判断にも用いることができます。

◩飛行当日の気象情報の入手

事前に飛行情報を入手し飛行計画を万全に立てていても、飛行当日に天候が急変し、降雨や強風、雷が発生する可能性も低くありません。急な天候変動リスクに対応するためにも、当日でも天候の変化をチェックしておくことは重要です。天気予報で、天候が晴れなのに降水確率が高かったり、天候について、「大気の状態が不安定」や「上空の寒気の影響」などがある場合には、天候は急に変動する可能性があるため、突発的な雷雨・突風に注意する必要があります。

気象庁が発表している降水レーダーや高解像度降水ナウキャストなどは、更新が早く、細かい範囲で降水範囲を確認することができます。

当日に天候が急変しそうな場合・急変した場合に、誰が・どの時点で判断し、どのような対応（飛行の中断・延期や飛行計画の変更等）を行うかなどを、事前に決めておくとよいでしょう。

気象情報の入手

TVやラジオの天気予報やネットで週間天気図を見て、いつごろ天気が悪いかを判断しましょう。

飛行当日の積乱雲の確認手法

降水レーダー（気象庁）

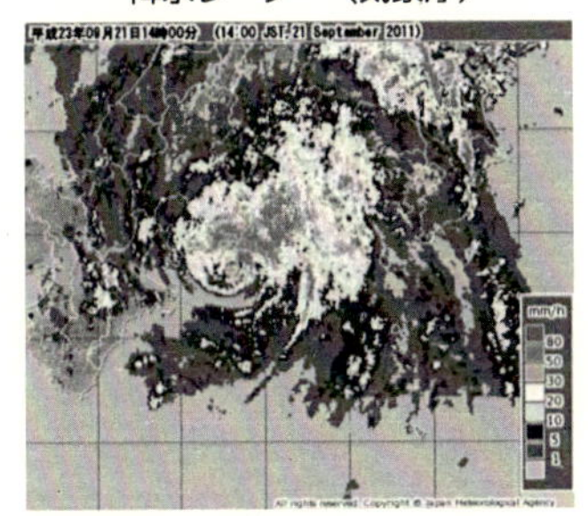

更新間隔　：5分
空間解像度：1 km
特徴　　　：更新早い
　　　　　：細かい場所が見えない

高解像度降水ナウキャスト（気象庁）

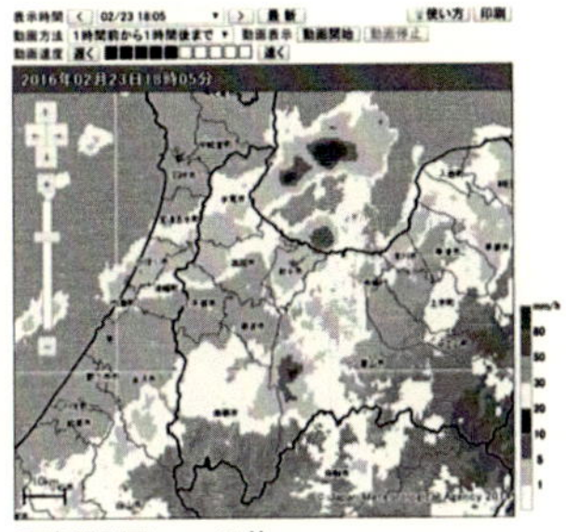

更新間隔　：5分
空間解像度：250 m
特徴　　　：60分先まで予報
　　　　　：更新が遅い

台風情報

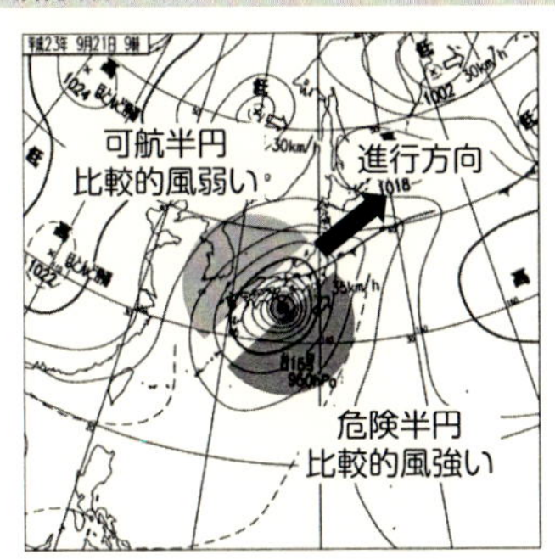

低気圧循環
マイナス
台風自身の移動速度

低気圧循環
プラス
台風自身の移動速度

◎気象庁のWebサイトや天気のスマホアプリなどは便利
◎急な天候変動リスクに備えて、飛行中も天候変化に要注意

風を測るには？

ドローンの大敵は風です！　いろいろな情報を現地で集めて、安全な飛行に心がけましょう。

現地での風の情報を得るには、周辺の観測台の情報を参照する方法や、風速計・や周囲の状況をみて自ら風を測る方法などがあります。

◪アメダス

アメダスとは、気象庁が日本全国約約1300カ所に設置している無人の観測所です。アメダス（AMeDAS）は「Automated Meteorological Data Acquisition System」の略で、「地域気象観測システム」と言います。雨、風、雪などの気象状況を時間的、地域的に細かく監視するために、降水量、風向・風速、気温、日照時間の観測を自動的に行い、気象災害の防止・軽減に重要な役割を果たしています。全国1300カ所の内、約840カ所（約21km間隔）では降水量に加えて、風向・風速、気温、日照時間を観測しています。

風速は0.1m/s単位で前10分間の平均値、風向は16方位で前10分間の平均値を示しており、1時間に1回更新したデータが公表されています。

インターネットで、飛行させる地点のアメダスを確認して、風の情報を得ることができます。

◪現場での計測

飛行場所で、風の強さを判断するには、ハンディタイプの風速計を用いたり、周囲の樹木や雲の移動の早さなどを観察することで、風の向きや強さを判断できます。周りに木や建物などがある場合、地表近くでは風が弱くても、木や建物以上の高度まで上がると急に風が強まることがあります。飛行させる前に周囲の状況をよく観察し、安全を確認してから飛行させましょう。

ドローンがどこまでの風に耐えられるかは、機体の性能や気象条件によって変化しますので、一概に言えませんが、地表付近で3〜5m/s付近の風が吹いていると、上空では10m/s以上の風速になる状況もあります。木々の枝が揺れ始めているぐらいの状況から、注意する必要があるでしょう。

風力階級表

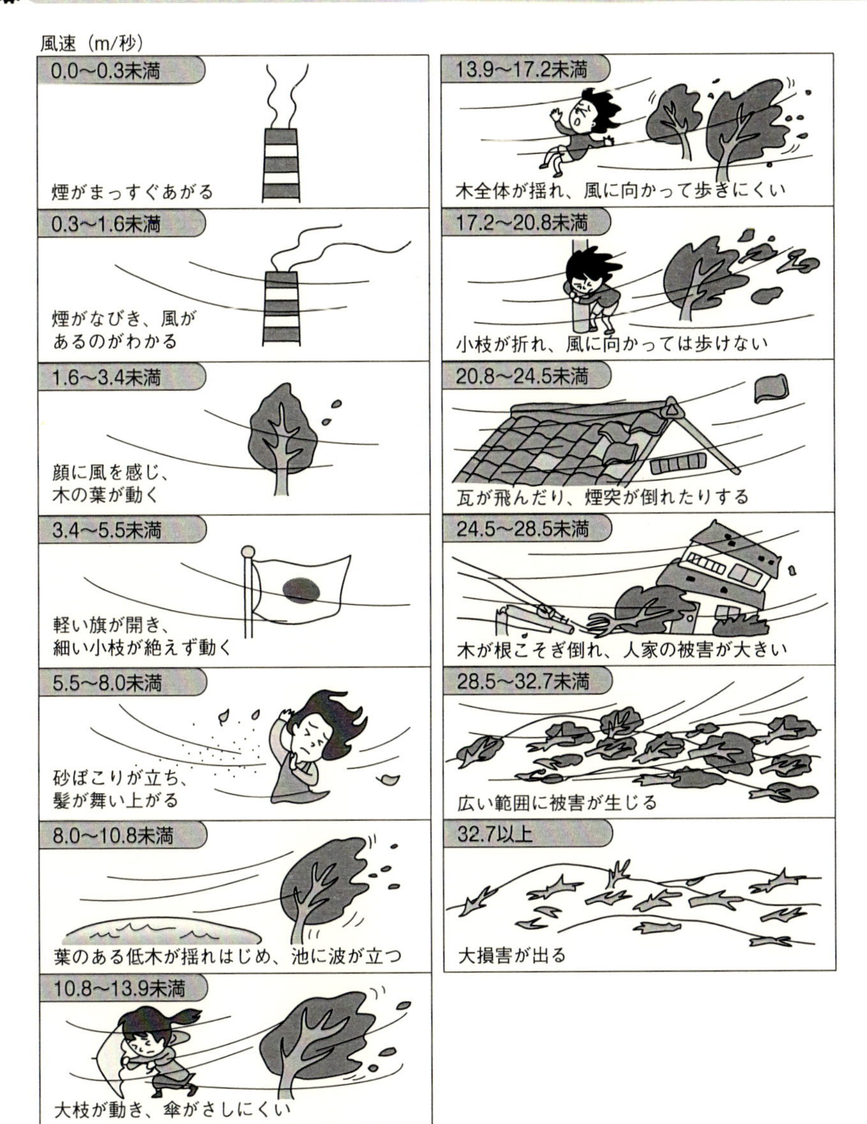

◎アメダスは気象庁が全国約1300カ所に設置した無人観測所
◎現場での計測にはハンディタイプの風速計などを利用

自動飛行に挑戦するには？

ドローンの制御機能の特徴の一つとしては、GPSを活用した自動飛行があります。自動飛行を行うには、自動飛行に対応した機種および専用ソフトまたはアプリが必要です。

ドローンは、事前に緯度、経度、高度を複数地点設定することで、GPSを活用し屋外での自動飛行制御が可能です。特に、建設・土木分野では、ドローンにカメラやレーザースキャナーなどを搭載し自動飛行させることにより、より広範囲の計測を短時間に行えるようになりました。また、災害現場など人が立ち入ることが困難な場所では、自動飛行による撮影などを行うことで、安全な捜索救助などの用途での利活用も期待されています。

◩自動飛行とは？

自動飛行を行うには、機体本体を制御するための地上局が必要になります。地上局とは、タブレットアプリやPCで遠隔からコントロールする制御システムになりますが、飛行順序通りに緯度、経度、高度を地図上に計画することで、離陸から着陸まで自動で飛行させることが可能です。なお、一度設定した飛行ルートは、機体本体に記録されているため、地上との通信が途切れても設定したルート通りに飛行を行います。ただし、現在、航空法では目視外飛行時には、補助員による監視が必要とされています。今後、航空法では目視外飛行に関する変更を含めて、ルール改正が行われる予定です。ルールに則り、安全を確保するための適切な処置（監視員配置など）をしたうえで飛行させるようにしましょう。

◩自動飛行の注意点

自動飛行を行う場合、安全な飛行ルートを計画する必要があります。既存の自動飛行では、GPSを活用して飛行するため、山間部などのGPSを捕足しにくい地域でのルート設定には注意しましょう。GPSを捕足しにくい地域では、飛行前に地上でGPSの捕足状況を確認することが非常に有効な安全対策になります。また、飛行高度の設定は、対地高度で設定するシステムが多くありますが、構造物や樹木などの障害物の高さも考慮して検討しましょう。なお、多くの機体では、気圧計を活用して高度制御しているため、飛行高度の誤差が生じやすいので、最初の飛行では余裕を持った設定にするようにしましょう。飛行ルートによっては、目視外飛行になる場合もあります。この場合には、航空法に沿って航空局に許可承認を得てから飛行させるようにしましょう。

目視外飛行

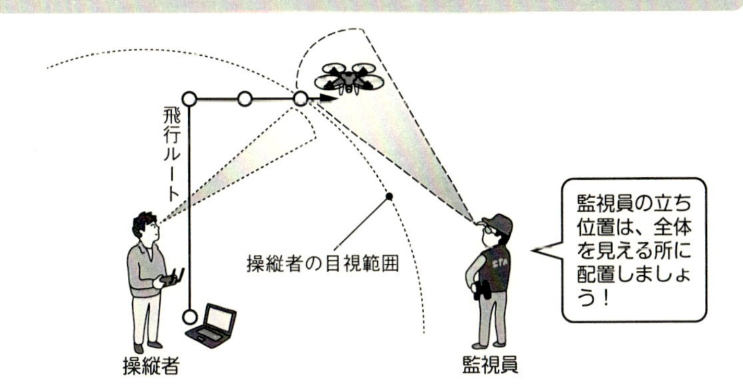

GPS電波の強弱に気をつけよう

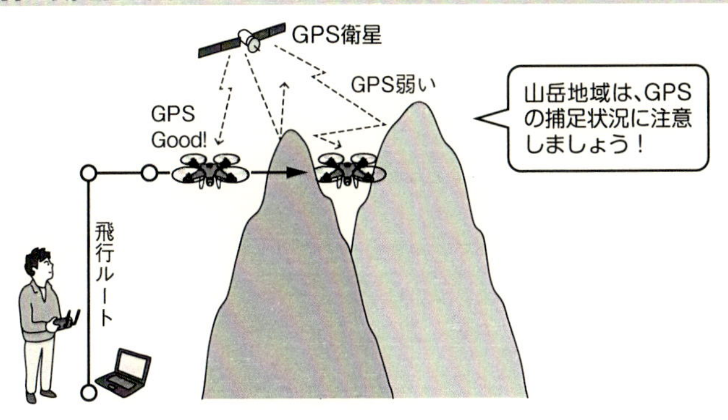

構造物や樹木に注意

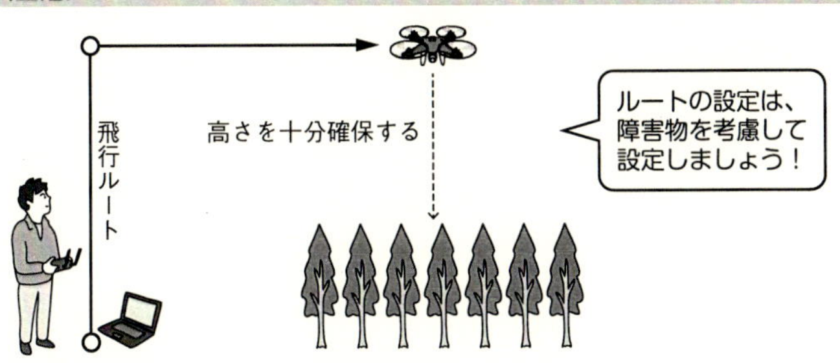

POINT
◎屋外での自動飛行は、GPS制御により位置を制御
◎突発的な外部影響なども含め安全管理が重要
◎目視外飛行の許可・承認を取ろう

事故が起きたらどうするの？

衝突防止センサーやフェイルセーフなどの安全システムにより墜落や衝突などのリスクは少なくなっていますが、事故が生じたときどのように対応したら良いのでしょうか？

最新のドローンには、事故を事前に防ぐための衝突防止センサーや送信機と機体の通信が途切れた場合に離陸地点に戻るように設定ができるフェイルセーフ機能があります。このようにドローンの安全性が高まっていますが、事故が起きてしまうのが現状です。そこで、十分なリスク管理を行いつつ、事故が起きた場合の対処方法についても予め定めておくことが非常に重要です。

◩事故発生時の対応

ドローンが墜落した場合に生じる事故は、大きく3パターンに分けられます。1つ目は、無人地帯へ墜落し機体に破損が生じるパターン、2つ目は建物や車などに衝突し物損が生じたパターン、3つ目は人に衝突し怪我を負わせてしまったパターンに分けられます。

特に人身事故が生じた場合には、怪我の状況により救急車の手配を優先し、軽傷の場合には近隣の病院へ向かうなどの対応が必要です。次に、機体については、十分に安全を確認したうえで機体に近づき、バッテリーを機体本体から外します。バッテリーは、衝撃が加わると発火する恐れもあるので、周囲に引火する恐れがない場所で15分から30分程度経過を観察します。煙や異臭がした場合には、発火の恐れがあるので注意が必要です。

万が一、人の死傷、第三者物件の損傷、飛行時における機体の紛失や航空機への接近事案が発生した場合には、国土交通省、関連事務所への報告を行うようにしましょう。

無人航空機による事故などの情報提供先一覧

http://www.mlit.go.jp/common/001118959.pdf

◩事故を未然に防ぐリスク管理

ドローンの事故は、事前の設定や安全確認不足などの人為ミスが要因となることが多く、リスク管理を行うことで未然に事故を防ぐことが可能です。そのためには、飛行前、飛行後のチェックリストを作成し、周囲のメンバーと飛行時のリスクを共有したうえで飛行させることが重要です。リスクは、飛行環境により異なるので、その都度どんな危険があるか検討しましょう。

事故発生時のフロー

負傷者救護 ＞ ドローンの二次災害防止 ＞ 警察への通報 ＞ 関連各所への連絡

負傷者救護
・人命救護

ドローンの二次災害防止
・バッテリーの発火防止

警察への通報
・人身、対物事故時
・遺失物の場合の届出

関連各所への連絡
・施設管理者
・敷地管理者
・対物被害の所有者
・クライアント
・国土交通省
・保険会社

国土交通省の連絡先

無人航空機による事故等の情報提供先一覧

※無人航空機の飛行による人の死傷、第三者の物件の損傷、飛行時における機体の紛失又は航空機との接触若しくは接近事案が発生した場合の情報提供先は、以下をご参照下さい。

※夜間等の執務時間外における無人航空機による事故等が発生した場合は、情報提供先官署右欄に記載のある連絡先にご連絡ください。

官　署	住所・連絡先	管轄区域	執務時間	執務時間外の連絡先（24時間運用されている最寄りの空港事務所）
国土交通省（本省運航安全課）	〒100-8918 東京都千代田区霞が関2-1-3 航空局 安全部 運航安全課 ☎：03-5253-8111(内線)50157、50158 FAX：03-5253-1661 e-mail：hqt-jcab.mujin@ml.mlit.go.jp	日本国の全地域	平日 09:00～ 17:00	以下ご参照
東京航空局	〒102-0074 東京都千代田区九段南1-1-15 九段第二合同庁舎 東京航空局 保安部 運用課 ☎：03-6685-8005 FAX：03-5216-5571 e-mail：cab-emujin-houkoku@mlit.go.jp	北海道、青森県、岩手県、宮城県、秋田県、山形県、福島県、茨城県、栃木県、群馬県、埼玉県、千葉県、東京都、神奈川県、新潟県、山梨県、長野県、静岡県	平日 09:00～ 17:00	以下ご参照
大阪航空局	〒540-8559 大阪府大阪市大手前4-1-76 大阪合同庁舎第4号館 大阪航空局 保安部 運用課 ☎：06-6949-6609 FAX：06-6920-4041 e-mail：cab-wmujin-houkoku@mlit.go.jp	富山県、石川県、福井県、岐阜県、愛知県、三重県、滋賀県、京都府、大阪府、兵庫県、奈良県、和歌山県、鳥取県、島根県、岡山県、広島県、山口県、徳島県、香川県、愛媛県、高知県、福岡県、佐賀県、長崎県、熊本県、大分県、宮崎県、鹿児島県、沖縄県	平日 09:00～ 17:00	以下ご参照

○国土交通省(本省運航安全課)、東京航空局、大阪航空局の執務時間外(平日09:00～17:00以外)の場合には、以下の空港事務所(※)までご連絡下さい。

※飛行を行おうとする場所を管轄区域とする空港事務所までご連絡願います。当該空港事務所が執務時間外の場合は、その空港事務所における執務時間外の連絡先までご連絡願います。

POINT

◎事故発生時はパニックにならないように事前に対策を想定
◎未然に事故を防ぐにはリスク管理が重要

どんな保険があるの?

安心して運用するための「備え」として、保険への加入が必要でしょう。ドローン用の保険プランが各保険会社から提供されており、ユーザーの要望に合わせて、内容を選べるようになっています。

◩保険の必要性

ドローンをレジャーでの利用や商業目的で利用されることが多くなっている中で、操縦のミスや、気象や周辺状況の突発的な変化、使用機器の不具合などによって事故が発生することも少なくありません。国土交通省航空局では、ドローンの飛行による事故が発生した場合の情報提供を呼びかけており、航空法改正以降に情報提供のあった事例について、同Webページで公開しています(2018年4月現在)。

・国土交通省航空局、無人航空機(ドローン・ラジコン機など)の飛行ルール
http://www.mlit.go.jp/koku/koku_tk10_000003.html

事故の要因として、想定外の状況変化や要因不明などもあり、操縦技能が卓越しかつ安全のための運用体制を組んでいたとしても、事故の発生確率はゼロではないことがわかります。今後ますますドローン運用の安全確保と第三者への責任が重要課題となっています。近年、ドローンの事故に対する損害賠償・自損に対する補償などの目的で「ドローン保険」が生まれ、利用者が増えています。

改正航空法と同時に国土交通省から出された「無人航空機の安全な飛行のためのガイドライン」では、万が一の第三者賠償事故に備えて、保険に加入しておくことを奨励しています。

◩保険の種類

保険会社各社からはさまざまな条件のドローン保険が売り出されています。保険内容としては、第三者への損害を補償する損害賠償保険や、所有しているドローンに対する動産保険などがあります。保険会社によって、機体の捜索・回収や残存物の片付け、ドローンの盗難、修理完了までの代替機用意に関わる費用などさまざまな補償内容があり、補償金額が補償内容を組み合わせて選べるプランなども提供されています。

一般社団法人日本UAS産業振興協議会(JUIDA)では、会員である企業や個人事業主を対象とした団体保険制度を用意しており、保険料など補償内容などで一般の保険よりもメリットのある保険内容を提供しています。

事故の要因

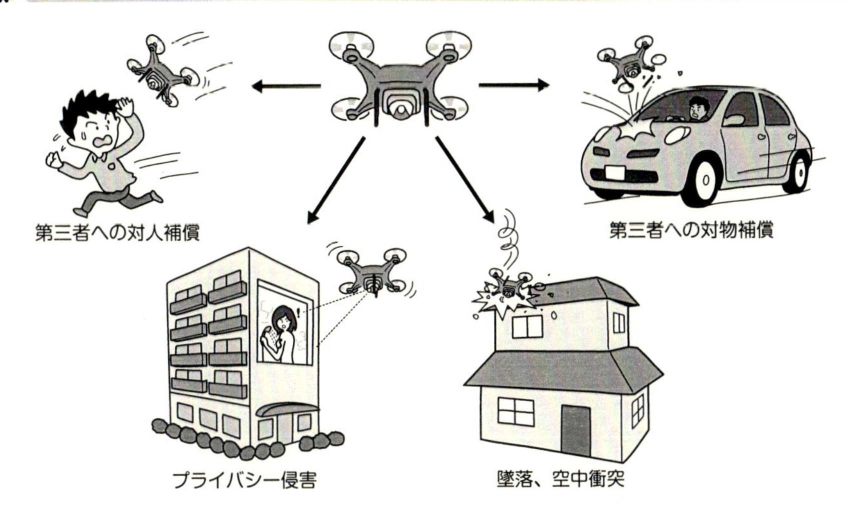

JUIDAの団体ドローン保険を扱う保険会社

・損害保険ジャパン日本興亜株式会社
・東京海上日動火災保険株式会社
・三井住友海上火災保険株式会社

補償内容の例

損害に対する補償	残存物取り片付け費用
捜索費用	損害拡大防止費用
修理・解体・据付・組立等作業危険担保特約	代替機レンタル費用

POINT
◎事故の発生確率はゼロにならず、運用上で保険加入は必要
◎ドローン用保険が各保険会社から誕生。補償プランも選択可能
◎JUIDAでは会員企業・個人事業主向けに団体保険制度を用意

海外で飛ばすには？

ドローンは世界規模で急速に普及していますが、各国のドローンの飛行に関する法規制は異なります。また、海外へドローンを持ち込む際のルールも航空会社などにより異なるので注意が必要です。

日本でドローンを飛行させる場合、航空法の適用範囲では必要に応じて許可・承認を得ると同時に土地管理者の許可を得て飛行させる必要があります。海外で飛行させる場合は、その国の法規制に則って飛行させる必要があります。

◪海外で飛行させるときの注意点

国内で使用するドローンを海外へ持参し飛行させる場合は、①電波、②バッテリーの持込み制限、③当該国の持込み規制の有無、④当該国の飛行規制について事前に調べる必要があります。なお、商業利用か趣味での飛行なのか利用目的によっても規制が異なる場合があるので注意が必要です。各国の規制は、随時追加変更などされる場合があるので、渡航前に大使館に確認するなど最新の情報を得るようにしましょう。

◪電波の確認

日本で販売しているドローンと送信機の通信は、全て2.4GHz帯の電波を使用することになっていますが、国外では5.8GHz帯での使用に制限される国もあるので注意しましょう。

◪バッテリーの持込み制限

ドローンを国内から海外へ飛行機で持参する場合、航空会社により異なりますが、基本的にはリチウムバッテリーは条件付きでの機内持込みになります。

詳しくは、各社HPを事前に確認しましょう。

◪主要国の免許事情

日本では、2015年12月に無人航空機に関する航空法が改正されたのを始め、米国や欧州、アジアを始め60カ国以上で無人航空機の規制が制定されています。米国では、ライセンスを取得し、FAA（アメリカ連邦交通局）に登録して飛行させなければなりませんが、商業目的を除き250g～25kg未満の機体であれば事前登録で飛行させることも可能です。また、欧州では、EUにおけるドローン規制当局であるEASA（欧州航空安全機関）を中心に、2019年を目途にEU全体で安全ルールが航空安全規則に含まれる予定です。このように、今後も随時規制が改正される恐れがありますので、渡航前に大使館などで調べるようにしましょう。

機内に持ち込めるリチウム電池およびリチウムイオン電池

〔製品例〕 携帯電話、携帯DVDプレーヤー、無線機、トランシーバ、ノートパソコン、デジタルカメラ、携帯端末、ハンディコピー、プリンタ、ハンディターミナル、電子ブックプレーヤ、携帯用ゲーム機、カメラ機材など

リチウム電池

リチウム含有量により取り扱いが異なります。

種類	リチウム含有量	機内持ち込み	お預け
本体に内蔵されている電池	2g以下	○	○
	2gを超えるもの	×	×
予備電池 ※短路(ショート)しないように個別に保護してあるもの	2g以下	○	×
	2gを超えるもの	×	×

リチウムイオン電池

ワット時定格量(Wh)により取り扱いが異なります。
※ワット時定格量(Wh)＝定格定量(Ah)×定格電圧(V)

種類	ワット時定格量 (Wh)	機内持ち込み	お預け
本体に内蔵されている電池	160Wh以下	○	○
	160Whを超えるもの	×	×
予備電池 ※短路(ショート)しないように個別に保護してあるもの	100Wh以下	○	×
	100Whを超え、160Wh以下	○ ※2個まで	×
	160Whを超えるもの	×	×

リチウム電池、リチウムイオン電池を内蔵・装着した手荷物(スマートバゲージ*1)

仕様*2	機内持ち込み	お預け
電池の取り外しができるもの	○	○*3
電池の取り外しができないもの	×	×

*1 リチウム電池ならびにリチウムイオン電池(含む充電器)を内蔵・装着した手荷物で、他の電子機器(スマートフォン、PC等)への充電、GPS、Bluetooth、Wi-Fi等の機能を有しています。
*2 リチウムボタン電池を内蔵・装着したスマートバゲージは対象外となります。
*3 リチウム電池、リチウムイオン電池を取り外したうえ、取り外した電池は機内へお持込ください。
※リチウム電池、リチウムイオン電池の容量・個数については上記「リチウム電池、リチウムイオン電池が内蔵・装着された一般電子機器類」の欄をご確認ください。
※適用開始日：2018年1月15日

貴重品に該当するパソコン・タブレット端末はお手荷物としてお預けにならず、機内へお持ち込みください。
各空港の保安検査場に備え付けのトレーにパソコン・タブレット端末を取り出したうえで保安検査をお受けください。
お預けになる際は電源を完全にOFF(スリープモード不可)にし、確実な梱包をお願いいたします。
航空会社により電子機器ならびに予備電池の個数に制限を設ける場合があります。

出典：JAL HP：https://www.jal.co.jp/inter/baggage/limit/
参考：政府広報オンライン：https://www.gov-online.go.jp/useful/article/201412/4.html
ANA HP：https://www.ana.co.jp/ja/jp/international/prepare/baggage/?menu=limit03

POINT
◎海外でドローンを飛行させる場合、最新情報を収集
◎対象国の電波帯、飛行ルール、持込み可否などの事前把握
◎安全に配慮し飛行

空の区分とは

空では、航空機が安全に運航するために、国際的なルールとして航空機が飛行できる空域を分離させています。各国、そして日本においても国際ルールを基に、空域を設定しています。

航空機は、物理的には自由に空を飛行することができますが、すべての航空機が自由勝手に飛行すると、空路などが重なり衝突などの危険性があります。このようなことから、場所と高度に合わせて空域（Airspace）というものが設定されています。

国際民間航空機関（International Civil Aviation Organization：ICAO）では、空域をAからGの7つのクラスに分離しています。厳しいものから順にAからGまでとなっており、管制の有無や飛行方式、航空管制・情報の提供などによって区分が別れています。

航空機の飛行の仕方は以下の2つの飛行方式に分けられています。

・計器飛行方式（IFR：Instrument Flight Rules）
　公示された経路または管制官の指示による経路により、管制官が与える指示に常時従って行う飛行の方式。好天時はもちろん、操縦席から外がまったく見えない状態でも、IFRで飛行するほかの航空機や山などの障害物との衝突を避けながら安全に飛行することが可能。

・有視界飛行方式（VFR：Visual Flight Rules）
　計器飛行方式以外の飛行の方式。パイロットの目視に頼って飛行するため、十分な視界が常に確保されるような気象状態が必要。

これらの区分を基に、各国の航空局がさらに詳細な設定を行ったり、特別な空域を設定している国もあります。日本では、訓練試験空域などの空域を分離することで、航空機相互の安全を確保しています。日本の区分は次の2つになります。

・管制区域：航空交通管制区、航空交通管制圏、航空交通情報圏、進入管制区、特別管制空域

・非管制区域：上記以外の空域

ICAOの空域の区分

Airspace 空域	Control Airspace 管制区域	Flight Rule 飛行方式	traffic control service, traffic information 航空管制サービス、航空交通情報
Class A	管制空域	計器飛行方式のみ	全飛行に航空管制サービスが提供され、それぞれの飛行は間隔が置かれている。
Class B		計器飛行方式と有視界飛行方式	
Class C			全飛行に航空管制サービスが提供され、計器飛行方式の飛行は他の計器飛行方式の飛行と有視界飛行方式の飛行から分離されている。有視界飛行方式の飛行は計器飛行方式の飛行から分離されており、他の有視界飛行方式の飛行に関する航空交通情報をもらう。
Class D			全飛行に航空管制サービスが提供され、計器飛行方式の飛行は他の計器飛行方式の飛行から分離されており、有視界飛行方式の飛行に関する航空交通情報をもらう。有視界飛行方式の飛行は他飛行のすべてに関する航空交通情報をもらう。
Class E			計器飛行方式の飛行と有視界飛行方式の飛行は許可される。計器飛行方式の飛行に航空管制サービスが提供され、計器飛行方式の飛行は他の計器飛行方式の飛行から分離されている。実践的である限り、全飛行は航空交通情報をもらう。Class Eは管制圏に使用してはいけない。
Class F	非管制空域		計器飛行方式の飛行と有視界飛行方式の飛行は許可される。参加する計器飛行方式の全飛行に航空交通に関する顧問サービスが提供され、全飛行は依頼したら航空交通情報をもらう。
Class G			計器飛行方式の飛行と有視界飛行方式の飛行は許可され、依頼したら航空交通情報をもらう。

出典：ICAOの飛行区分を元に作成

日本の空域

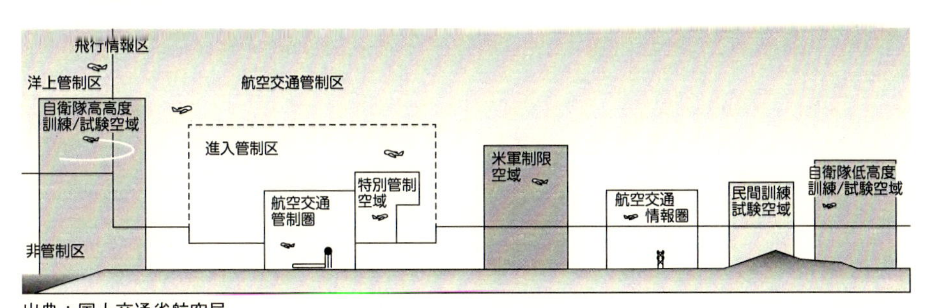

出典：国土交通省航空局

POINT

◎空域を管制の有無や飛行方式の許可の違いなどで、AからGまでの7つのクラスで分類されている
◎日本でも細かく空域を分離することで航空機相互の安全を確保

飛行場の仕組みとは？

航空機の安全のために空港にはさまざまな設備が設置されています。日本においては、飛行場、空港の周辺でドローンを飛行する際には許可が必要です。

◩飛行場とは、空港とは

「飛行場」は、航空機が離陸・着陸できる場所を指します。「空港」とは公共の用に供する飛行場のことを指します(空港法第2条)。日本には空港法で定められる「空港」以外に、民間事業者や地方自治体などが設置する公共用・非公共用の飛行場、ヘリポートや、期間を限定して離着陸できる公共用・非公共用の場外離着陸場などがあります。

日本における「空港」や公共用のヘリポートについては、国土交通省航空局ではその一覧を公開しています。国土交通省航空局のWebページに「空港の一覧」があります。

http://www.mlit.go.jp/koku/15_bf_000310.html

「空港」には、安全に航空機の離着陸や飛行を行うために必要な、制限表面が設定されています。すべての空港に設定されている進入表面、水平表面、転移表面と、特別な空港には別に表面が指定されています。これらを制限表面と呼びます。改正航空法（2015年12月施行、審査要領2017年4月改正）により、ドローンを進入表面などより上空の空域で飛行するには、申請を行い地方航空局長の許可を得る必要があります。

◩空港の設備

空港には、航空機が安全に離着陸するために、さまざまな設備が設置されています。滑走路に始まり、無線送受信装置やレーダー、灯火などの着陸誘導設備、航空機の離着陸を誘導、指示を行う管制管がいる管制塔、また、航空機が安全に離着陸・飛行するために気象観測データが不可欠であることから、気象観測施設などが設置されています。

そのほか、空港として運営するための旅客や荷物の積み降ろし設備（例：ターミナルビルなど）や、航空機の整備・補給を行うための設備（例：ハンガーなど）、また空港と周辺地域の交通を行うための道路・鉄道などの空港連絡設備なども、空港の設備です。

空港の制限表面

すべての空港に設定するもの	
進入表面	進入の最終段階及び離陸時における航空機の安全を確保するために必要な表面
水平表面	空港周辺での旋回飛行等低空飛行の安全を確保するために必要な表面
転移表面	進入をやり直す場合等の側面方向への飛行の安全を確保するために必要な表面
特別な空港で指定ができるもの	
円錐表面	大型化及び高速化により旋回半径が増大した航空機の空港周辺での旋回飛行等の安全を確保するために必要な表面
延長進入表面	精密進入方式による航空機の最終直線進入の安全を確保するために必要な表面
外側水平表面	航空機が最終直線進入を行うまでの経路の安全を確保するために必要な表面

出典：国土交通省航空局、進入表面等のついて（概要）を元に作成

日本の空港に定められた制限

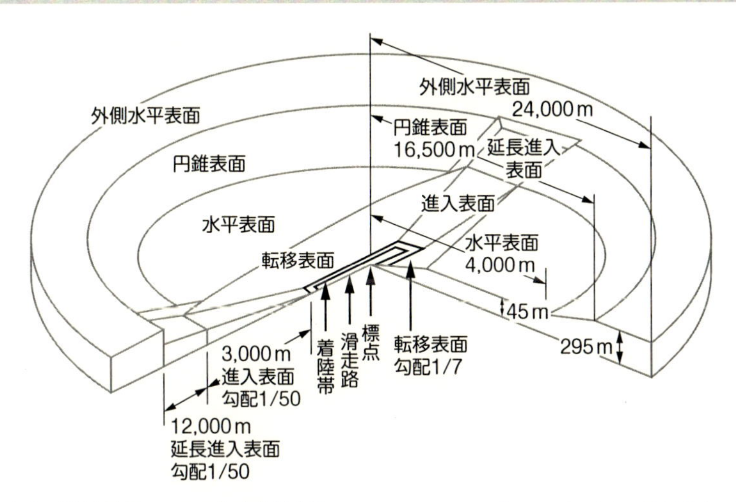

出典：「制限表面について」東京航空局、http://www.cab.mlit.go.jp/ccob/cat74/02.html

POINT
◎空港にはすべてに進入表面などの制限表面が設定されている
◎制限表面より上空をドローンで飛行するには、許可が必要
◎空港には安全に航空機を離着陸させるためにさまざまな設備が設置

静止が苦手なドローンできれいな空撮映像を撮る仕組みとは?

位置制御機能がされていない静止が苦手なドローンを使用しての撮影は、風に流れてしまうので撮影が難しくなります。ただ、俯瞰撮影では、映像に連続性が生まれ、使い分けが必要な場合もあります。

静止が苦手なドローンでの撮影は、きれいな撮影を行うのが難しくなります。特に、機体にカメラジンバルが搭載されていなかったり、低高度での撮影は非常に困難になります。そこで、静止が苦手なドローンできれいな空撮映像を撮るには、飛行方法での工夫が必要になります。

◩カメラジンバル

静止が苦手なドローンは、揺れが多く、風の影響も受けやすいため、撮影しても揺れた映像になってしまったりします。そのため、撮影は、カメラジンバルを搭載したカメラで撮影するようにしましょう。カメラジンバルに搭載されたカメラでは、機体が前後左右に揺れてもカメラを正面に向けたまま水平を保つように撮影することが可能です。

カメラジンバルを搭載できない機体は、撮影アングルなどを工夫して、揺れた撮影になっても気にならないような撮影計画を検討するようにしましょう。

◩撮影時の飛行方法の工夫

ドローンを活用した撮影では、撮影対象までの距離が大事になります。接近した撮影では、撮影カメラに揺れなどが生じるときれいな映像になりません。そのため、静止が苦手なドローンでは、俯瞰撮影や撮影対象から離れる方向での撮影を行うことできれいな映像を撮影することができるようになります。

また、GPS制御されている機体を活用して撮影を行う場合、位置制御がかかるためスロットルを離すと急停止などしてしまう場合があります。そのため、連続した映像を撮影したい場合には、上空でGPS制御を切ることで滑らかな撮影を行うことも可能になります。ただし、位置制御を行わない機体は、風の影響を大きく受けるため高度な飛行操作技術が求められ、安全管理がより重要になるので、周囲の状況は常に確認するようにしましょう。

カメラジンバルの効果

無風または弱風時（機体は水平を保てる）

強風時（機体が大きく傾く）

強風で機体が傾いても
ジンバル付カメラは傾かない

滑らかに移動できれば安定した撮影が可能

◎カメラジンバルを使い、滑らかな俯瞰撮影を行う
◎位置制御を行わない機体は、高度な操縦技術も必要となる

COLUMN 4

風雨に耐えるドローン

ドローンを上空で飛行させる際に、周辺状況・周辺環境から影響を受けやすいものが風です。

ドローンに風が作用すると、ドローンには風による荷重が発生します。また、巻き風や乱流などが発生し、ドローン周辺の空気の流れが乱れると、ドローンが発生させる揚力や推力に影響が出ます。

ドローンが風の影響を耐えても、安定的に姿勢を保つ、または位置を保つ・進行方向に移動するには、風による荷重や乱れを考慮したうえで必要な揚力、推力を発生させなければなりません。したがって、強い風にも耐えられるドローンというのは、発生可能な揚力、推力が大きいものや、風荷重による影響が小さいもの（例としてドローンの重量が大きいとか、風に対する抵抗が少ない形状）が挙げられます。また、ドローンは安定させるための姿勢の制御や、位置の制御などはジャイロセンサーやGPSなどのセンサーとセンサーの情報をもとに制御を行うコントローラーですべて制御されています。これらのセンサー・コントローラーの精度や性能の高さも、ドローンの耐風性能を決定する要因の1つです。

複数のプロペラを持つマルチコプター型のドローンは、一般的にプロペラの回転数のみを制御しています。マルチコプターと比較してヘリコプター型のドローンは、プロペラ半径が大きく揚力が大きいことやプロペラのピッチを制御できるので比較して安定的に揚力・推力を発生することができるため、通常、耐風性能も高くなっています。

ドローンは電子部品の搭載、電気回路を持つため、これらの部品が雨に濡れた場合は停止、墜落の危険があります。ドローンの利用が進むにつれ、悪天候や災害発生時などの状況でもドローンの活用を要望されることから、防水性や耐風性能の高いドローンも、各ドローンメーカーによって製造されてきています。

第5章

安全な飛行のための
メカニズム

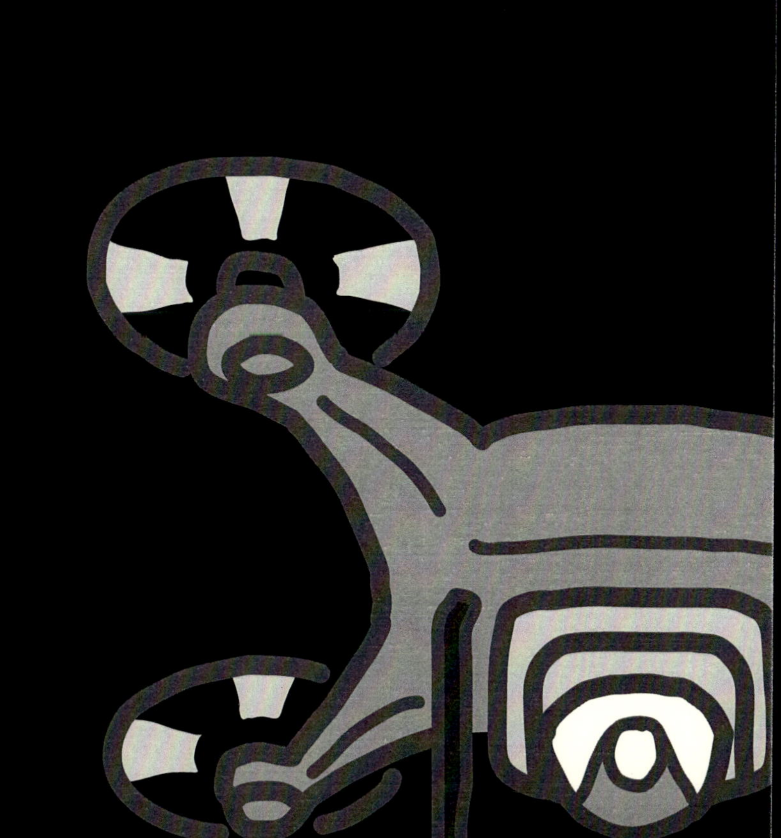

航空管制の仕組みは？

道路や信号機のない大空で飛行機はどのように空中衝突を避けているのでしょうか？　小型の航空機は目視での飛行も可能ですが、基本的には飛行計画の基づき、航空管制官の監視のもと飛行しています。

航空機は空の3次元空間を自由に飛んでいるように見えますが、常に空中衝突の危機をはらんでいます。1956年に発生したグランドキャニオン上空での旅客機同士の空中衝突を機に航空管制の方式が精密になりました。現在の旅客機は、計器飛行方式といい航空管制官の指示に従い飛行することが義務付けられていますが、当時はパイロットの判断で飛行経路を変更することが認められていました。このため、ロサンゼルス空港からカンザスシティに向かうトランスワールド航空002便ロッキードL1049スーパーコンステレーションに、シカゴに向かうユナイテッド航空718便DC-7型機が衝突する事故が起きました。計画通りでは衝突するはずのない両機でしたが、両機とも雲を避けるために、独自の判断で経路を変えてしまったために起こった事故でした。この後、計画通りの飛行プランで飛行する計器飛行方式が厳密に守られることになりました。経路を変更するには航空管制官の許可を得ることが義務付けられています。

航空機は飛行計画を提出したうえで、離陸空港から管制指示を受けて離陸し、空港監視レーダーの監視のもと進入管制区を離れます。旅客機のような計器飛行方式の場合は、航空交通管制部に管理が移管され、目的の空港の侵入管制区に向かいます。航空路は従来では地上電波局を直線的にたどる経路が設定されましたが、飛行機も高精度に位置を計測できる自律航法装置や衛星信号によるGPS（グローバル・ポジショニング・システム）を備えるため、柔軟に経路を設定できるRNAV（広域航法）が使用できるようになりました。着陸は、離陸の際とは逆に到着空港に近づくと空港管制官に降下を要求します。管制官は降下の指示を出し、旅客機のような計器飛行方式の場合は、航空計器に基づき管制指示に従い着陸にはいります。空港にILS（計器着陸装置、Instrument Landing System）が備わっていれば、空港からの電波に従い着陸できます。ILSがない滑走路の場合は、パイロットは目視で滑走路に着陸します。小型航空機やヘリコプターの多くは、計器飛行方式ではなく、離着陸時の侵入管制区以外は目視による目視飛行方式で飛行します。そのため、飛行高度は計器飛行方式の航空機が飛行する管制区よりも低く設定され、空域は分離されます。

1956年に発生したグランドキャニオン上空での旅客機同士の空中衝突

航空管制のしくみ

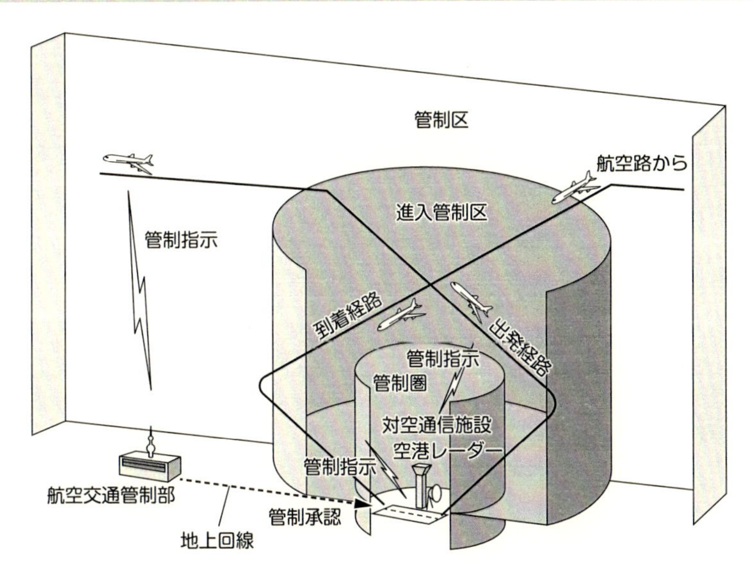

POINT

◎小型機は空港周辺以外は目視飛行方式で安全を確認して飛ぶ
◎目視飛行方式以外は、飛行計画に基づく計器飛行方式で飛ぶ
◎計器飛行方式では管制官の監視と指示で飛行する

衝突防止装置とは？

管制官の監視のみならず、航空機同士での衝突防止の方法も求められます。そのためにはお互いの位置情報を把握し、回避方法を相互に調整する必要があります。そのためどのような方法があるのでしょうか？

1956年のグランドキャニオン空中衝突後、計器飛行方式が徹底されたと同時に、管制による衝突防止策だけではなく、機体に衝突防止機能を搭載する研究も進められました。基本的には、機体から電波を発して近接する機体間で情報を得ようとするものであり、1986年にロサンゼルス郊外で旅客機のダグラスDC-9機が軽飛行機と空中衝突した惨事を機に、アメリカでは衝突防止装置の搭載が義務付けられました。

この装置は、TCAS（空中衝突防止装置）またはACAS（航空機衝突防止装置）と呼ばれており、航空機が航空管制との自動交信に利用するトランスポンダと呼ばれる通信機器を利用します。まず周囲の航空機の1.03GHzの無線で「問い合わせ信号」を送り、受信した航空機は、1.09GHzの無線で応答を行い、この際、機体の位置や高度、速度などの情報を併せて送ります（二次レーダー）。こうした仕組みにより、周囲の航空機との衝突の危険性を分析することが可能になります。第1世代のTCASIでは衝突警報（TA）を音声で操縦士に知らせるに留まっていましたが、TCAS IIでは、衝突を避けるための回避指示（RA）を、「降下せよ」または「上昇せよ」と英語で警報が発せられるようになっています。

衝突防止装置の搭載が義務付けられた後にもニアミスや衝突事故は発生しています。2001年には静岡県（駿河湾）上空で日本航空機同士のニアミスが発生しましたが、管制官が誤った指示を出し、操縦士が衝突防止装置ではなく管制官の指示に従ったのが原因とされています。そして、翌2002年にはドイツ・ユーバリンゲン上空で、旅客機同士の衝突事故が発生しました。原因は、日本航空機同士のニアミスと同様に管制官の指示が衝突防止装置の指示と異なったためでした。これらの事故を受けて、衝突防止装置の指示は、管制官の指示よりも優先的に従わねばならないことが国際的に定められました。衝突防止装置にも誤警報がありえますが、人間である管制官の指示よりも正確であり、かつどちらの指示を優先するかが定められていないと同様な事故を防げないと判断されたためでした。

空中衝突防止装置

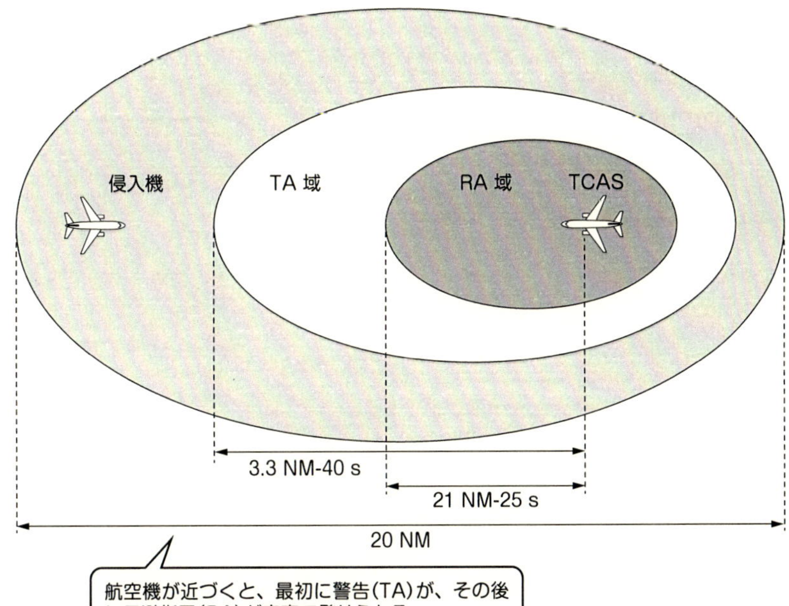

空中衝突防止装置

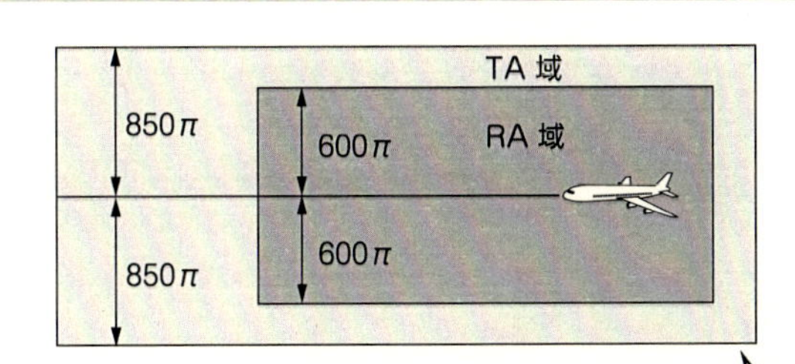

POINT
- ◎航空機同士がデータを交信するためにトランスポンダを利用
- ◎周囲の機体の位置を把握し、回避方法を相互で決める
- ◎管制官の指示よりも回避システムの指示に従う

航空機の避けるルールとは？

衝突防止装置の搭載されていない小型機同士では、お互いのよけ方をあらかじめ決めておく必要があります。そのお手本は、船の回避ルールにありました。

衝突防止装置が搭載されていれば、操縦者はその指示に従い衝突回避操作を行いますが、その装着が義務付けられるのは、我が国では最大離陸重量5700kgまたは客席数19を超える航空機とされています。つまり、小型機やヘリコプターはそうした装置が搭載されていないので操縦者の判断で回避操作を取ることになります。この回避ルールは基本的には船の衝突回避の慣習が流用されています。基本的には「右側通行優先」のルールがあり、直線状に正対し、衝突する場合はお互いに右に避けることになります。これは船が右舷にかじ取り板を取り付けられてことを受けて右手に避ける能力が高いことから定められたと言われています。角度をもって近づく場合も、そのまま直進すれば衝突してしまうコース（コリジョンコース）に2機があった場合、基本的には、右手に機体を見た側が右側にコースを避けることが義務付けられています。船の左舷（ポートサイド）には紅灯、右舷（スターボード）には緑灯が義務付けられているので、前方の船の紅灯が見えた船は回避義務があることになります。

航空機にはこうした理屈は通用しませんが、船舶の衝突回避ルールがそのまま適用され、航空灯も、右翼に緑、左翼に紅の航空灯を装備することが定められています。

こうしたルールにも関わらず空中衝突事故が発生しています。その原因の一つに、人間の目の特性が関係していると言われています。空中を直線飛行する2機がコリジョンコースにあった場合、両機が接近しても常に同じ位置に見えてしまいます。人間の目は動きのないものを見つけにくいという特性があるため飛行物体とは気づかぬままに回避できないほどの距離に接近してしまうことがあるといいます。これがコリジョンコース現象と呼ばれているものです。

遠隔操作の無人航空機の場合、地上からの監視による操縦の場合、目視では相手機の距離を把握することはほぼ不可能です。機体搭載のカメラ映像を手元で見ることができても同様です。同じ空域を同時に飛行させないことが原則であり、そうでない場合は、無人機用の航空管制システムが備えられていなければなりません。

回避ルール

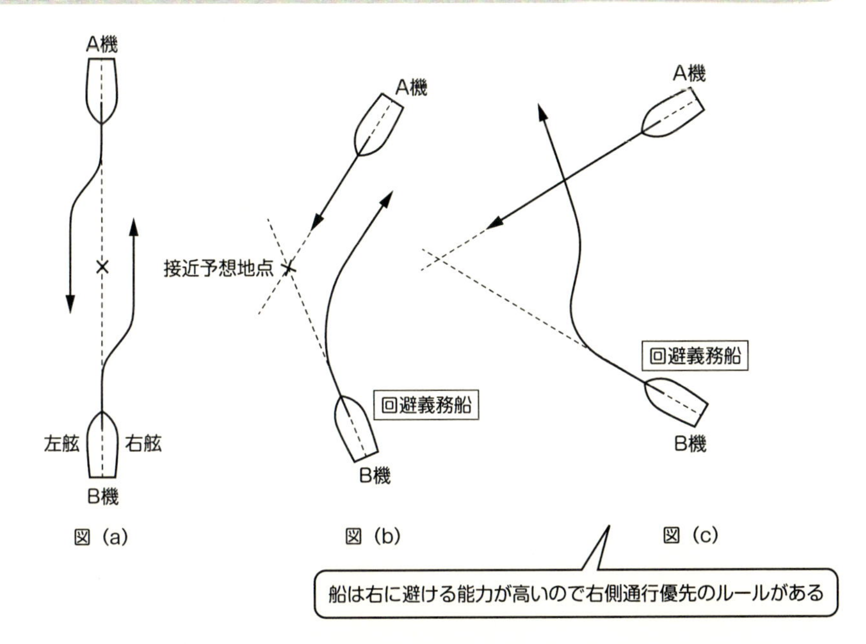

航空機の灯火

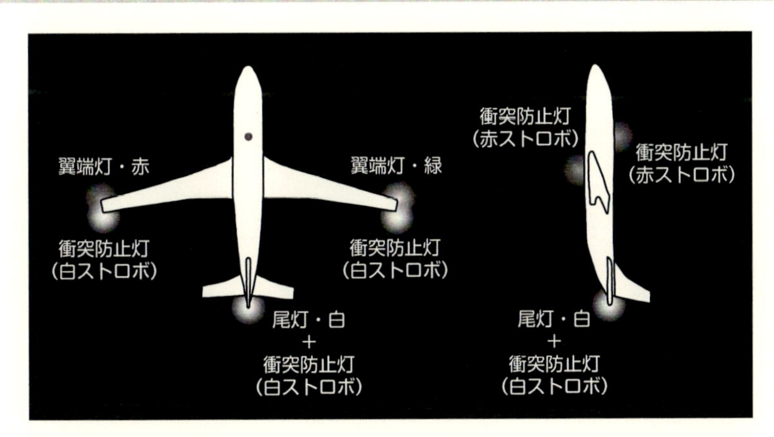

POINT

◎衝突防止装置のない小型機同士は船の回避ルールを流用し、相手を右手に見た機体が右方向に避けるルール
◎航空灯を、右翼に緑、左翼に紅を付け、相手機の紅灯を見た機体が回避する

ドローン航空管制とは？

ドローンが空を飛び交うようになると、衝突や電波の混信などの危険性が高まります。航空機と同じようにドローンにも航空管制の必要性が出てきます。それはどのようなものになるのでしょうか？

ドローンが数多く飛行するようになると空中衝突の危険性も高まります。有人航空機の場合、小型飛行機などではパイロットは周囲を常に監視し、衝突回避を行いますが、無人機のパイロットは地上で遠隔操縦をするため、衝突の危険性を正確に把握することはほとんど不可能です。そのため、無人機用の管制システム（UTM：Unmanned Aerial System Traffic Managementと呼ばれる場合が多い）が不可欠になります。

UTMは、初期の段階では、同じ時間帯で、同じ空域を飛行するドローンが複数存在しないようにする静的な空域管理から始まると考えられています。その場合、①ドローンの運用者は、飛行計画を申請し、②UTMは同一の時間帯で、同一の空域に対する飛行申請があった場合に、時間と空域に重なりがないように事前に調整を行い、各ドローンの申請に許可を出します。③各運用者はUTMの承認を得てドローンを飛行させせます。ドローンはGPSで自己位置を得ているので、UTMへ直接、または地上局を介して自己位置を提供します。④UTMは許可した空域に申請した以外のドローンが飛行していないことを確認します。もし、いた場合は、衝突が起きないように調整を行います。このような流れで管理を行います。飛行計画のある空域は管制空域としてほかの無人機の飛行は認めないように管理しますが、経路を逸脱したドローンや緊急飛行の有人機が空域に侵入する可能性があります。そのため、空域周辺を飛行するドローンや有人機の飛行位置も把握する必要があります。ほかの空域を飛行するドローンはほかのUTMで管理されている場合、UTM同士の調整も必要となるし、航空機との調整も必要になってきます。

次の段階として、同一空域を同一時間に複数のドローンが飛行する動的な飛行管理が考えられます。この場合は、UTMは常にドローンの衝突の可能性を推定し、その可能性がある場合は、回避措置を取らねばなりません。これは有人機のATMと同様ですが、有人機のような衝突防止装置をドローンが備え、さらの回避操作も地上パイロットの指示を待つまでもなく自律的に実行する能力が要求されるようになると考えられます。

無人機運航を管理するUTM

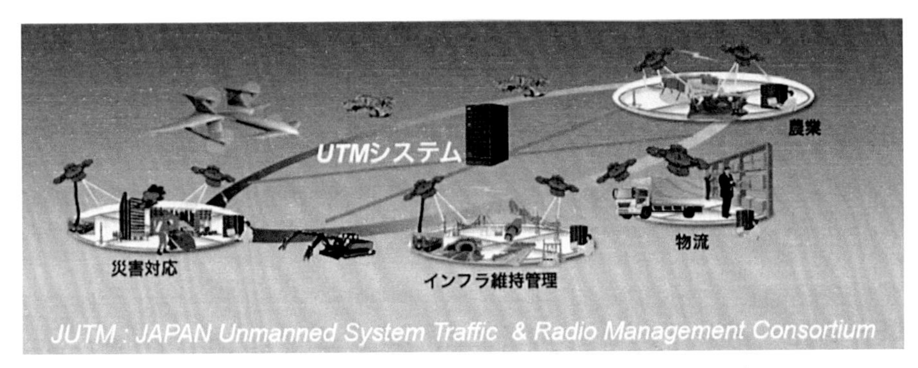

JUTM：日本無人機運行管理コンソーシアム

2017年、福島でJUTMが実施したUTM実証実験

（2機のドローンの位置と飛行領域が表示されている）

POINT
◎無人機の航空管制はUTMと呼ばれている
◎最初は、飛行計画で空域と電波の調整、気象情報の提供
◎最終的には、有人機の情報も得てドローンに動的に飛行指示を与える

ADS-Bとは?

世界中の民間航空機の飛行位置情報をリアルタイムで表示できるアプリが存在します。これにより世界中を飛んでいる飛行機の位置が一目でわかります。これを可能にする技術がADS-Bと呼ばれるものです。

ADS-Bは、自動従属監視放送と呼ばれ、レーダーによる航空機の検知に代わるシステムとして航空管制に導入が進んでいる方式です。ドローンが有人機の位置を知る方法としても検討されています。レーダーと異なり、ADS-Bは、航空機がGPSなどで得た自機の位置等を、定期的に周囲に放送局のように、電波を発信します（ADS-B OUT)。

一方、周囲を飛行する航空機や、地上局はその信号を受信することで、発信した航空機の位置情報等が得ることができます（ADS-B IN)。民間航空機の位置情報をリアルタイムで表示するウェブサイト、フライトレーダー24等は、民間航航空機の発信するADB-Sを受信してデータを公開し合うサービスで、スマートフォンやタブレットのアプリにもなっています。

旅客機などが搭載するADS-Bは、航空機のID情報、位置、速度、高度、進行方向を発信するので、フライトレーダー24等は、世界各国のボランティアが受信した情報をシステムにアップし合うことで、リアルタイムで飛行情報を見ることができます。受信ができない洋上では飛行機は表示されないはずですが、ほかのレーダー情報や飛行経路の予測値で表示します。そのため正確ではありませんが、太平洋上の機体位置も見ることができます。このサービスの発端は、2006年にスウェーデンの航空ファン2名が始めたサービスだと言われています。大変便利なシステムですが、ADS-B発信機を搭載しない機体の情報は原理的に得られません。米国では、2020年までに装備が義務付けられる予定であり、欧州では2017年から義務化される航空機も出現しています。日本は計画が具体化していないので、国際線の旅客機や新しい機材以外は表示されません。

ドローン用のADS-B小型受信機も出回り出していますが、有視界飛行をする小型航空機やドローンにはADS-B発信機は搭載されていないのが現状です。将来同様な考えに基づくシステムがドローン用に開発され、その装着化が進めば、ドローンの運行管理UTMに利用でき、ドローンと有人機、ドローン同士のニアミスや衝突防止に効果的と考えられています。

ADS-Bの受信機は小型軽量でドローンにも搭載可能

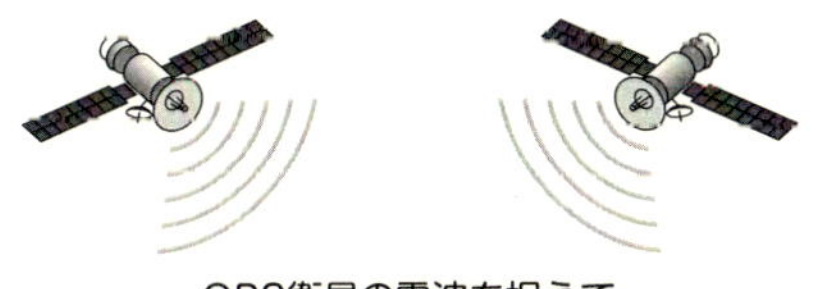

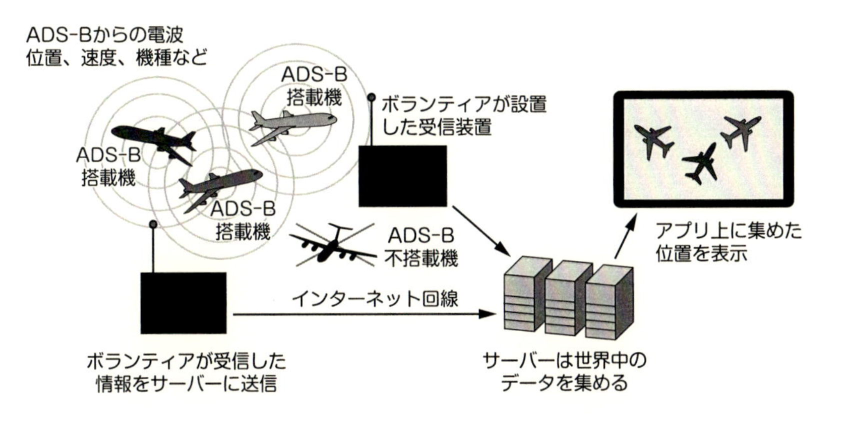

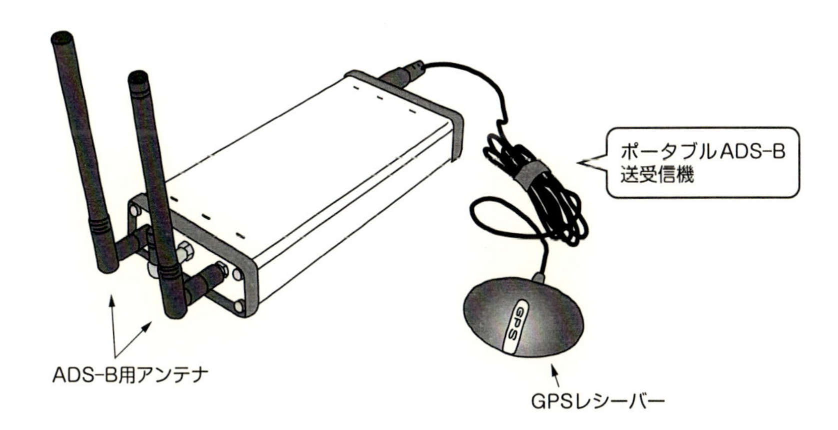

POINT
- ◎ADS-Bは航空機が自らの位置を周囲に電波で放送する
- ◎放送電波を受信し、集めれば世界中の航空機の位置がわかる
- ◎無人機用でも同様のシステムがあれば位置が把握できる

携帯電話回線は利用できない?

ドローンの操縦には操縦装置と機体との間の無線による通信が必要ですが、電波の届く範囲には限りがあります。この範囲を拡大するためにはどのような方法がありえるのでしょうか?

ドローンは操縦のために無線を利用します。操縦用無線は主にWiFi機器が利用できるように2.4GHz帯が利用されますが、搭載したカメラの動画伝送などでも無線が使用されます。こうした無線として、インフラがすでに整備されている携帯電話回線を利用したいというニーズは高いものがあります。ただし、携帯電話回線は地上の移動通信用に整備されているので、上空で利用した場合、地上のように利用できないという課題があります。高層マンションの上層階で、建物にアンテナを設置しないと携帯電話がつながりにくいのと同じ理由です。別の課題として、多くのドローンが上空で携帯電話回線を利用すると、ドローンからの電波は遠くまで届くため、地上での利用に影響を与えると言われていることもあります。

こうした事象のデータを収集するため、総務省は平成28(2016)年6月に、無人航空機における携帯電話等の利用の試験的導入を開始し、実用化試験局の免許を受けることで、既設の無線局などの運用などに支障を与えないことを条件に、免許申請の際に提出する試験計画の範囲内で、携帯電話などを無人航空機に搭載した実用化試験を行うことを可能としました。ここで、実用化試験局の免許は携帯電話等事業者以外は取得できないので、携帯電話事業者の協力が不可欠となります。また、操縦のために携帯回線網を利用することは通信品質が確保できる確率が低下するので適さないとしています。

携帯電話回線はサービスエリアも広く簡単に利用できるという利点があり、携帯電話事業者の中には、ドローンの長距離自動飛行への活用を研究開発するところも出てきています。長距離自動飛行時にはGPSによる自動飛行が前提なので、ドローンの位置や状態情報、画像の転送、停止や経路変更など簡単な遠隔操作への利用は期待できます。携帯電話回線が利用できない洋上飛行などでは、衛星回線を利用する動きもあります。ただし、衛星回線の利用は携帯回線利用よりも機器が大きく重くなり、通信速度・データ量、更新頻度の課題もあります。さらに、電波中継機能を持つドローンを飛行させて、長距離自動飛行時にも地上局から確実に通信ができるようにする技術も開発されています。ただし、長距離を飛ばす場合には飛行許可の申請が必要となります。

携帯電話回線を用いたドローンの操縦（実用化試験局の免許が必要）

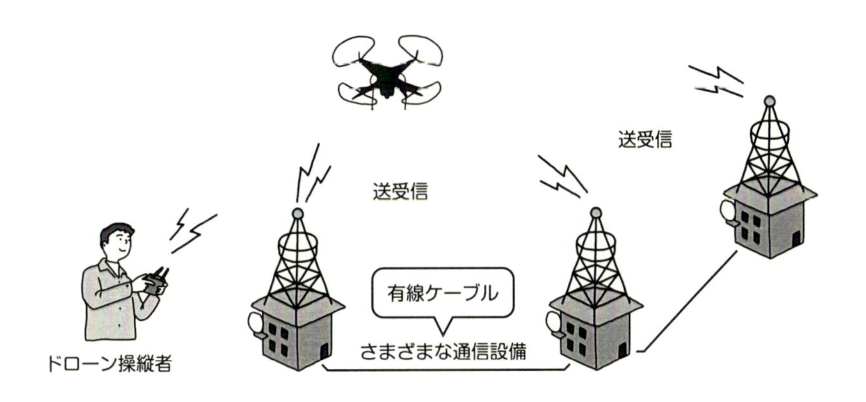

衛星回線を利用したドローンの操縦

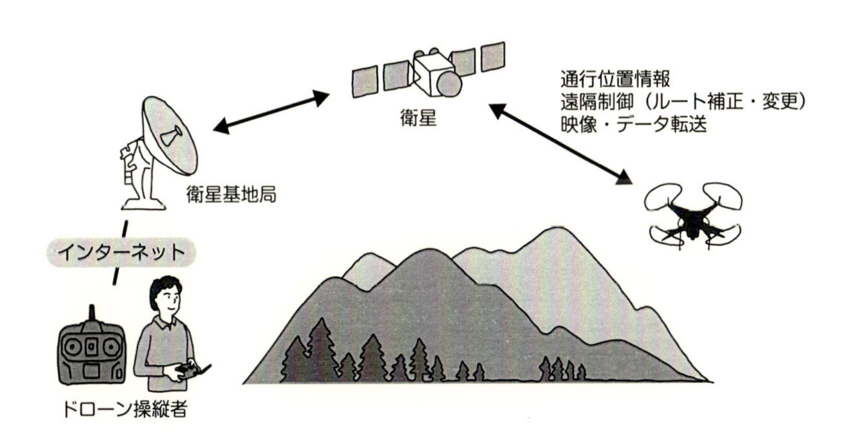

POINT
◎操縦用無線の届く範囲には限界がある
◎範囲を広げるには、携帯電話回線や衛星回線の利用がありえる
◎免許の問題、遅延の問題以外に飛行申請の許可が必要な場合がある

ヒューマンファクターとは?

航空機事故の半数以上は人間のミスや思い違いなどの人に関係する要因(ヒューマンファクター)で発生すると言われています。人はどのような場合にミスを犯すのでしょうか?

航空安全財団の研究では、エアライン関係の航空事故の65%は乗員に起因し、小型飛行機では75%にその数値は上がっているといいます。ヒューマンファクターは人間が関与する組織、機械、設備などのシステムで、安全で経済的な運用、動作に関して考慮すべき人間側の要因で、「人的要素」とも呼ばれます。人的要素以外は、オランダの航空会社KLMのFrank H.Hawkinsが提唱したSHELモデルで整理できます。Sはマニュアルや作業手順などを意味する「Software」、Hは、機器や設備等の「Hardware」、Eは作業環境を意味する「Environment」、Lは関係者である人「Liveware」、そして当事者が人、Lとして中心に位置するモデルです。最近では管理を主とするm(management)を加えたm-SHELモデルが用いられることが多くなっています。

人的要素のうち、人が犯す間違いによりシステムを許容範囲外に導いたものがヒューマンエラーと定義されています。そしてヒューマンエラーは操作を行う際には、変化を「観測」し、その変化を「理解」し、変化に対応する「計画」を立て、「実行」すると考えると、それぞれの段階でエラーを起こす可能性があり、最終的にヒューマンエラーとして発現するのはそれらを掛け合わせたものとなります。人間工学の研究では、「理解」や「計画」のエラー発生確率は「観測」や「実行」よりも大きいとされています。また、長時間労働などによる睡眠不足などはエラーの発生確率を増し、能力も低下すると考えられ、アルコールの摂取も影響してきます。航空法では、航空機乗務員は「アルコール飲料または麻酔剤そのほか薬剤の影響により、航空機の正常な運航ができないおそれのある間は、その業務を行ってはならない」とされており、エアラインは、社内規定で「12時間以内の飲酒を禁止」しています。ドローンを操縦する際にも、飲酒時の操縦はもちろん、事前の飲酒にも十分注意しなければなりません。

ドローンの操縦においては、天候の変化、周囲の状況の変化(鳥や接近物体など)を常に把握する必要がありますが、操縦者のみでこれを行うには限界があり、「観測」のエラーや、「理解」、「計画」に遅れが生じかねません。リスクの高い飛行においては常に「安全運航管理者」の監視のもとで操縦を行うべきでしょう。

人の行動に影響を与える要因をモデル化するm-SHELモデル

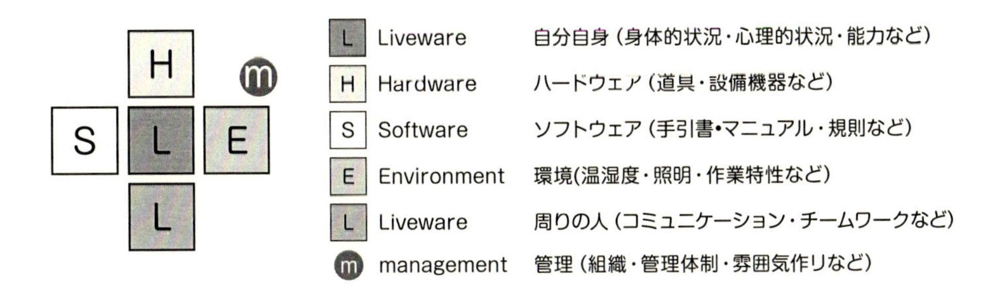

ヒューマンエンラーの分類

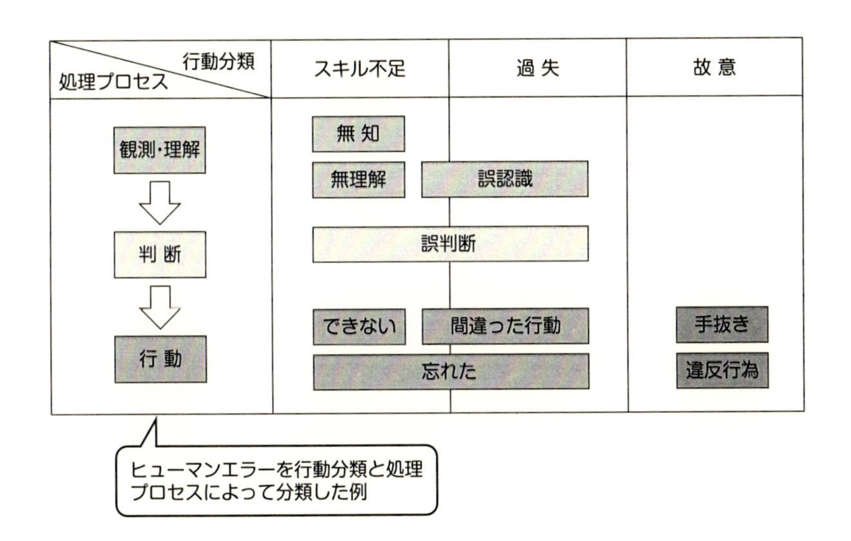

POINT
- ◎人間の行動はSHELモデルで表現される
- ◎さらに管理を加えたm-SHELモデルが有益
- ◎単独での操縦には大きなリスクがあり、管理者との連携が理想

ヒューマンエラーを防ぐには?

ヒューマンエラーを防ぐためにはどうすればよいのでしょうか？　どれほど注意してもエラーを完全になくすことはできない以上、エラーは起きることを前提にシステムを考えなくてはなりません。

ヒューマンエラーを完全になくすことは不可能であり、ヒューマンエラーの要因を取り除く、エラーが発生した場合の被害を抑える仕組みが必要となります。要因を取り除くためには、要因を分析して対策を立てる必要があります。エラーは、作業環境のストレスと関連すると言われています。ストレスが少なすぎる場合は、見落としなどのエラーが起きやすくなります。慣れた作業でも、適度にストレスを与えるために、チェックリストを用意するなどは効果的です。ストレスがかかりすぎるとパニックになり判断ミスや思考停止に陥りかねません。非常時などでもストレスを減らすためには、非常事態を日ごろの訓練に取り入れるなどが有効です。

また、m-SHELモデルを考えると、操縦者に関係する周囲との関係からエラーを減らす手立てがあります。対Sとしては、マニュアルがいつでも確認できるように準備する、対Hとしては機体を点検し、故障やトラブルをできる限り抑える、さらに対Eとしては、風向きを考えてコースを選ぶ、太陽に背を向けて飛行させる、対Lとしては信頼できる人にそばで監視してもらうなど考慮する必要があり、これらのチェックを義務付けることがm（マネージメント）です。

航空機事故では、コックピットの機長、副機長のチームワークに問題があり、信じられないような事故が起きるケースもありました。自動操縦装置への指示を間違え、機長も、副機長も間違いに気づかずに山中に墜落したのです。コンピュータは指示通りにしか作動しないので、その後の確認を必ずしなければいけないこと、これを機長または副機長が必ず行わなければならないことが教訓となりました。こうした事故からCRM（コックピットまたはクルー・リソース・マネージメント）と呼ばれる管理方法が定着しました。コックピットに2人いる場合、2人とも同じことに気を取られてはだめで、1人は操縦に、もう1人は高度や位置の確認に注意するなど分担を決めるということです。ドローンの操縦の際にも、チームで行動する場合は、誰が何を行うのか合意のうえで運行させる必要があります。重大な事故は小さなミスの連鎖で起きます。小さなミスを防ぐだけでなく、そのミスを確実に抑えるチェック機能が必要です。

CRMでヒューマンエラーを防ぐ

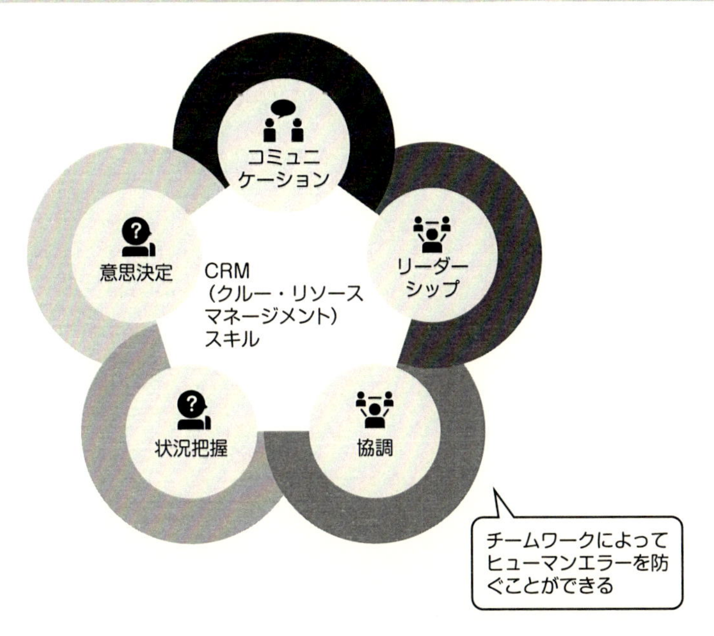

ミスの連鎖が事故を引き起こすことを表現するスイスチーズモデル

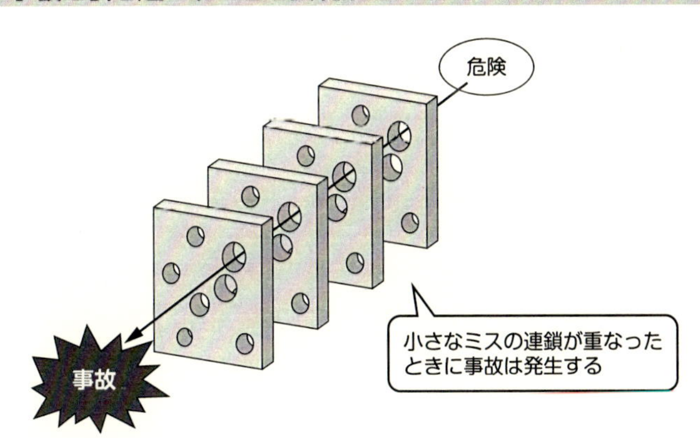

POINT
◎ミスを防ぐには、ミスの要因を分析をしてその対策をする
◎重大な事故は小さなミスの連鎖で発生
◎小さなミスが連鎖しないようなチームワークスキルが必要

事故調査とは？

航空機事故調査で話題となるブラックボックスとはどのような装置でしょうか？　また、そのデータはどのように活用され、航空機の安全性向上にどう役立っているのでしょうか？

航空機事故が発生すると、事故調査が専門の組織によって行われます。米国ではNTSB（国家運輸安全委員会）、日本では運輸安全委員会がこれにあたります。航空事故調査の一義的な目的は、事故の原因を科学的に究明し、その再発を防ぐことであり、責任を追及することではないと国連の専門機関ICAO（国際民間航空機関）で定められています。事故調査のためには、どのような状況で事故が発生したのか解析が必要になります。そのために、飛行データを記録するフライトデータレコーダー、コックピットの音声を記録するボイスレコーダーが旅客機などには搭載が義務付けられています。ブラックボックスと呼ばれているものです。実際には、赤くペイントされていますが、このブラックボックスは、オーストラリアのデビッド・ウォーレンが1953年に考案したものと言われています。ウォーレンは1934年に航空機事故で父親を亡くし、コメットの墜落調査に参加するなかでブラックボックスの必要性を痛感したといういわれがあります。事故の衝撃や火災に耐えられるように、3400Gの衝撃と1000度の熱に耐えることが要求されます。

事故の調査結果は、航空機の改修や設計に具体的に反映されます。1996年、ニューヨークJFK空港を離陸したTWA800便B747型機は大西洋上空で空中分解しました。当初、テロやミサイルなども疑われましたが、2000年に発表された事故調査報告書では、「起こりうる（probable）原因として、中央翼燃料タンクの圧力が過大となり破壊が始まった」と結論付けました。この報告を受け、FAA（連邦航空局）はFAR（連邦航空法）により審査要領を改定し、燃料タンクの爆発を防止するための分析、評価および措置する要求を耐空証明に加えました。2008年11月にこの改定は行われましたが、この改定を受け、開発が始まっていた三菱航空機MRJは燃料タンクに不燃ガスを充満させる燃料タンクシステムを採用しました。

事故には至りませんが、危険を感じた事象を報告する制度も航空機業界では始まっています。「1つの重大事故の背後には29の軽微な事故があり、その背景には300の異常が存在する」というハインリッヒの法則に基づき、事故に至る前にその原因となる要因を探し出そうとするもので、1976年にFAAとNASAが研究した、懲罰免責制度ASRSがその原点となっています。

航空機に搭載されるフライトデータレコーダーとコックピットボイスレコーダー

ハインリッヒの法則

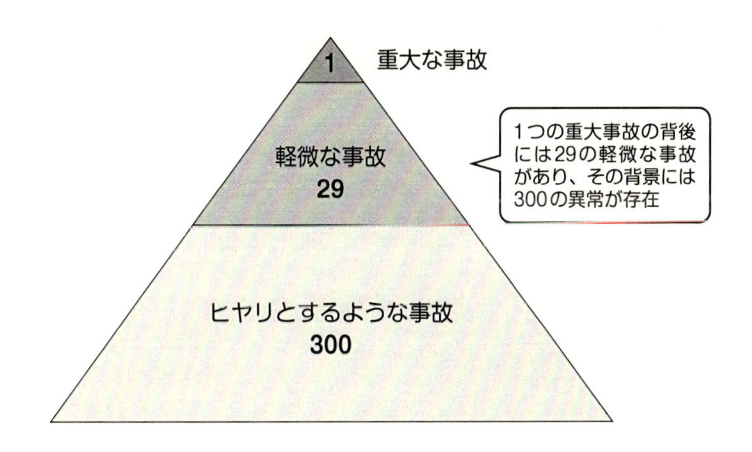

POINT
- ◎ブラックボックスは飛行データや音声を記録する装置
- ◎事故でも破損しない構造で、事故原因の調査に活用される
- ◎事故に背後にある軽微な事故や危険をいち早くキャッチせよ

COLUMN

5

飛行前のチェックリスト

ハイテクの塊である旅客機のコックピットで、機長と副機長は紙に書かれたチェックリストを飛行前、飛行中に必ず確認し合っています。片方が声を出して読み上げ、相方が確認します。チェックリストはマニュアルではありません。後者は初心者が手順を知ったり確認するためにきめ細かく丁寧な記載がなされねばなりませんが、前者は熟練者でも抜け落ちがないように重要な要点が簡潔にまとめられたリストです。人間の記憶力や注意力は危ういものです。緊急時に思わぬミスを犯したり、慣れてくると「どうせできていると」手順を飛ばす癖があります。これを防いでくれるのがチェックリストです。

パイロットがチェックリストを使用するようになったきっかけは、1935年にボーイングB-17爆撃機のプロトタイプが評価試験中に墜落したことにあると言われています。パイロットが飛行前のチェックを1つ忘れたことが原因とされました。このとき、パイロットミスと片付けるのではなく、それを防ぐためにチェックリストが考案されました。

今では、飛行前の点検や、通常の飛行のチェックだけでなく、チェックリストは飛行中の異常事態に対応する際にまず最初に確認する習わしになっています。すべての想定しうる故障や異常事態に対応したチェックリストが用意されるため、パイロットは分厚いチェックリストのバインダーを携えて飛行機に乗り込みます。通常の飛行に使用するチェックリストはわずかなものですが、例えば、飛行中に油圧が下がった場合にどうするか、エンジンが止まった場合にどうするか、など事象ごとに対応方法がリストとして整理されているので、パイロットは安心して離陸することができます。リストの作り方にもノウハウが求められます。できる限り簡潔に、要点を押さえて作るには、実際の使用を通して改善を重ねていかなければなりません。リストをどのタイミングで確認するかという点も重要です。時間に余裕のないときは、まず行動に移し、あとでリストを確認することも必要になるからです。

第6章

ドローンを仕事にしよう

どんな資格、機材を用意すれば良いの？

現在、ドローンの運用にはライセンス以外で何か必要でしょうか？
また、飛行の方法や場所により、機体などに必要な準備は異なるのでしょうか？

◪どんな資格が必要か？

4–5項の「操縦免許は必要？」で述べたように、小型無人航空機・ドローンの操縦に関しては、国は特に操縦の免許・ライセンスを定めていません（2018年1月時点）。しかし、人口集中地区（DID）での飛行や、目視外飛行など許可を要する飛行を行うときには、最低限10時間の飛行経歴があることや、一定の操縦技能や法律・無人航空機の構造・気象など関する知識があることが、条件として求められています。

◪飛行の形態に応じた追加基準（操縦者や体制、機体に求められる基準）

ドローンを飛行させる方法に応じて、操縦者の飛行経歴や機体に、さらなる基準が求められます。これらの飛行形態に応じた追加基準は、国土交通省の「無人航空機の飛行に関する許可・承認の審査要領」に示されています。追加の基準は次のようなことが、飛行形態に応じて定められています。

1. 空港周辺の空域又は地表面・水面から150m以上
2. 人口密集区域
3. 夜間飛行
4. 目視外飛行
5. 地上又は水上の人又は物件との間に30mの距離を保てない飛行
6. 多数の者の集合する催し場所の上空における飛行
7. 危険物の輸送
8. 物件の投下

さらに第三者上空での飛行や最大離陸重量25kg未満か25kg以上かにより、操縦者や操縦の安全体制、ドローンの機材へ求められる基準が異なります。これら基準を満たしたうえで、許可・承認の申請を行い、許可を得る必要があります。ただし、追加の基準においても、無人航空機の機能及び性能、無人航空機を飛行させる者の飛行経歴等、安全を確保するために必要な体制等とあわせて総合的に判断し、航空機の航行の安全並びに地上及び水上の人及び物件の安全が損なわれるおそれがないと認められた場合は、この限りではありません。基準に記載されている／記載されていないから、準備する／準備しないではなく、何より安全を最優先に考えて、必要な安全体制や機材準備を行う事が重要です。

安全管理体制(例)

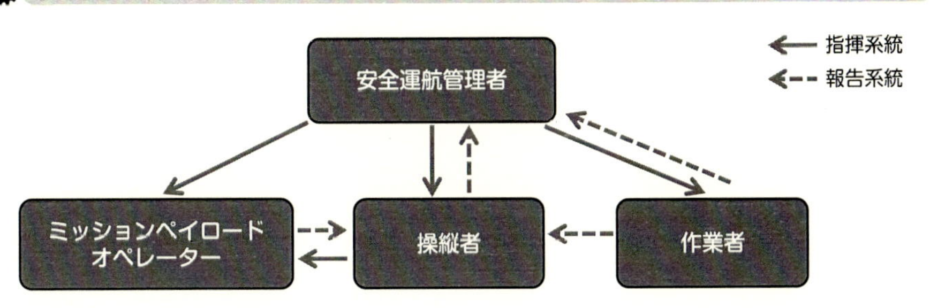

緊急連絡網(例)

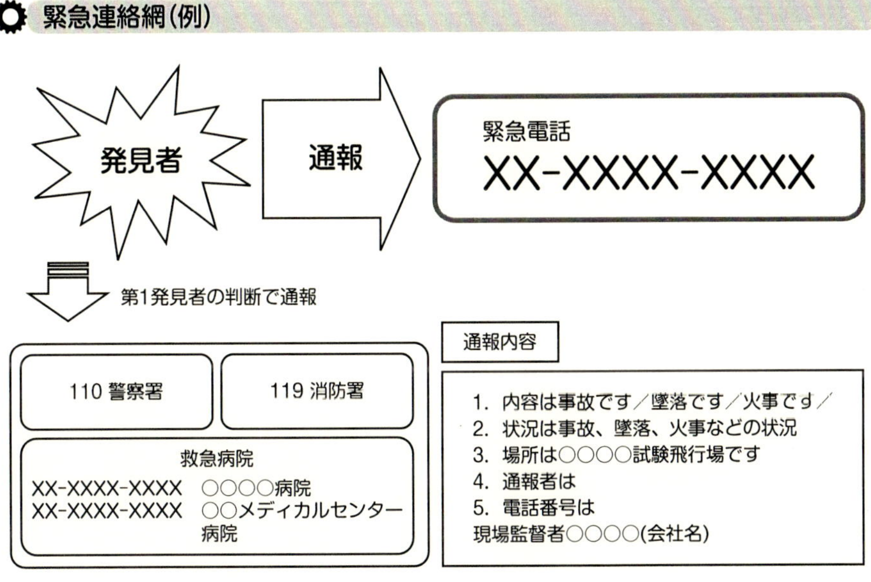

POINT

◎改正航空法における飛行の許可・承認を得るには技能や知識のがあることが条件
◎特別な飛行を行うには、機体や運用体制など準備が必要

パイロットはどのように探すの?

飛行の安全を確保するために、高い操縦技術・操縦経験を有するパイロットや会社へ依頼することも有効です。パイロットを探す、ドローンの撮影を依頼できる会社を探す方法があります。

ドローンの仕事を扱うにあたり、自らがパイロットになる以外に、経験を持つパイロットに依頼するのも手段の一つです。

飛行を予定しているドローンが自ら扱ったことがないドローンの場合や、高度な飛行技術・撮影技術を必要とする飛行の場合、高い操縦技術・操縦経験を有するパイロットや会社への依頼は、飛行の安全を確保するのにも有効です。

◩パイロットを探すには

我が国では、民間団体によるドローンの操縦技能講習が普及し始めています。パイロットを探すには、このような操縦技能講習を行う民間の講習団体や管理団体などに、紹介してもらう方法もあります。ドローンの技能講習を受けたパイロットのほか、これら技能講習の講師であるパイロットなども、これらの団体に所属されています。ドローンの操縦技能講習を行う民間の講習団体や管理団体は、国土交通省航空局のWebページ（http://www.mlit.go.jp/koku/koku_tk10_000003.html）に記載されています。

講習団体や管理団体も特色があり、日本全国規模の管理団体や、撮影や測量などの講習を得意とする講習団体など、さまざまです。飛行する場所や飛行内容、パイロットに希望する内容によって、紹介を依頼する団体を選択するのもよいでしょう。なお、すべての団体がパイロットや企業の紹介を受け付けているとは限らないため注意しましょう。

◩パイロットに依頼するためには

パイロットまたは企業に飛行を依頼するには、飛行を依頼したいスケジュール、場所、飛行する内容、想定する運用体制、航空法等への許可申請が必要な場合申請の有無、保険対応の有無、その他要望など条件を明確にするとスムーズです。飛行を行う現場では、天候など常に変化するため余裕を持った飛行計画・飛行内容にしないと、対応できない可能性があります。経験のあるパイロットは、現場の変化・対応などをよく知っています。これらの対応なども含めて、事前に依頼の条件を双方確認しておけば、無用なトラブルなどを避けられます。

航空局ホームページに掲載されている団体情報(2018年5月1日時点)

種類	団体数	掲載情報
講習団体を管理する団体	15団体	団体名、管理者名、連絡先・所在地、管理団体数、管理する講習団体の技能認証に含む飛行形態、国交省HP掲載日
無人航空機等の操縦者に対する技能認証を実施する講習団体	177団体	団体名、技能認証名称、連絡先・所在地、技能認証に含む飛行形態、HP掲載日

出典：国土交通省航空局のWebページ

飛行依頼するにあたり明確にしたほうが良い条件等

項目	理由
飛行日時	・パイロットのスケジュール確保 ・航空法における許可申請の必要有無(夜間等)
飛行場所	・移動時間、スケジュール ・航空法における許可申請の必要有無(DID等)
飛行内容	・飛行内容に適したドローンの選択 ・想定飛行回数、持参バッテリーの数 ・航空法における許可申請の必要有無
想定する運用体制	・補助員など、安全確保のために必要な人数などの把握
航空法等への許可申請が必要な場合申請の有無	・スケジュール ・許可申請書の作成
保険対応の有無	・事故の場合の保険対応、連絡体制 ・リスク対策

◎ドローンの操縦技能講習団体や管理団体から紹介を受ける
◎操縦を依頼するには、日程、飛行内容などの条件を明確にして依頼・確認

飛行申請はどのように出すの?

改正航空法では、飛行場所や飛行方法に応じて許可・承認の申請が必要となります。どのようなものでしょうか?

改正航空法における飛行許可申請の方法は以下の通りです。

改正航空法では、人口集中地域や空港周辺など、原則禁止された空域での飛行や、夜間や目視外、催し場所など原則禁止された飛行方法による飛行を行う場合には、地方航空局に許可・承認の申請を行い、許可・承認を得られれば飛行可能となります。詳細な条件については平成27年11月に国土交通省から「無人航空機の飛行に関する許可・承認の審査要領」としてインターネット上に公表されています。

平成27年12月の改正航空法施行以降1年間で1万2300件を超える申請(事前相談を含む)があり、1万件を超える許可が出されるなど非常に活発です。許可された申請内容の概要は国土交通省のホームページ上に公表されています。申請は原則として飛行開始日から10開庁日前までに地方航空局または空港事務所あてに不備のない状態で文書を出すこととされています。ただし申請が混み合う状況においてはこれ以上に日数がかかる場合もあるため、余裕をもって申請を行うようにしましょう。

また、急な空撮依頼への対応など、業務の都合上、飛行経路が決定してから飛行させるまでに手続きを行う期間が確保できない場合には、飛行場所の範囲や条件を記載することで飛行経路を特定せずに申請を行うことも可能とされています。申請の方法としては、同一の飛行で異なる内容の許可を申請できる、一括申請、同一の申請者が反復して飛行したり異なる場所で同一内容の飛行を行う場合には包括申請ができます。繰り返し同じような申請をする必要がありません。1回の許可は3カ月間有効ですが、繰り返し飛行させる場合には1年を限度に認められます。

複数の申請者がある場合、その代表者が取りまとめ代行申請することもできます。また行政書士に依頼して申請書を作成し提出してもらうこともできます。

2018年4月より国土交通省のポータルサイト(https://www.dips.mlit.go.jp/portal/)で、これまで紙面で行っていた申請が、インターネット申請できるようになりました。

ドローン専用飛行支援地図サービス　SORAPASS

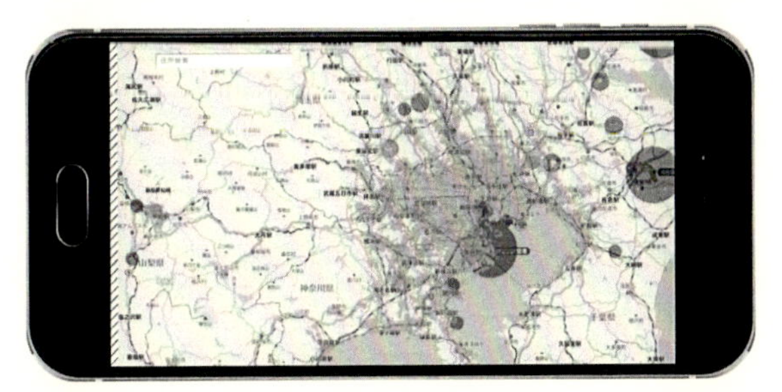

無人航空機の飛行に関する許可・承認申請書

（様式１）

年　　月　　日

無人航空機の飛行に関する許可・承認申請書

殿

氏　　名
及び住所　　　　　　　　　　　　　印
（連絡先）

航空法（昭和27年法律第231号）第132条ただし書の規定による許可及び同法第132条の２ただし書の規定による承認を受けたいので、下記のとおり申請します。

飛行の目的	□空撮　□報道取材　□警備　□農林水産業　□測量 □環境調査　□設備メンテナンス　□インフラ点検・保守 □資材管理　□輸送・宅配　□自然観測　□事故・災害対応等 □趣味　□その他（　　　　）			
飛行の日時				
飛行の経路				
飛行の高度	地表等からの高度	m	海抜高度	m
飛行禁止空域を飛行させる理由	□進入表面、転移表面若しくは水平表面又は延長進入表面、円錐表面若しくは外側水平表面の上空の空域（空港等名称　　　） □地表又は水面から150m以上の高さの空域 □人又は家屋の密集している地域の上空			
	（理由）			

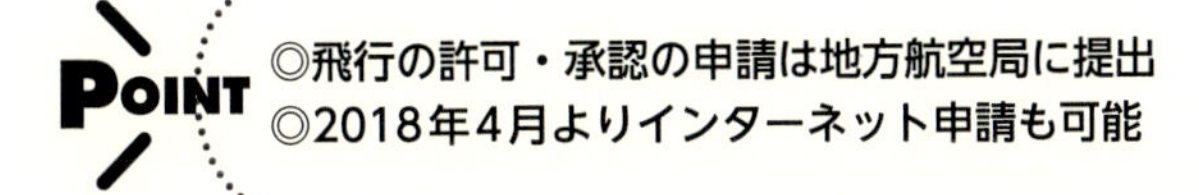

POINT
◎飛行の許可・承認の申請は地方航空局に提出
◎2018年4月よりインターネット申請も可能

個人事業主になるには

ドローンで事業を行う、または起業をする際には個人事業主になるか会社(法人)を作ることになります。

「個人事業主」とは、株式会社等の法人を設立せずに自ら事業を行っている個人で、いわゆる自営業者のことです。個人といっても、事業を行う人数に制限があるわけではありません。

◪個人事業主になる準備—開業

個人事業主になるにあたって、事業の開始などを申請するための「開業届」の準備があります。開業届の提出をしなければ事業ができないわけではないですが、後述する事業所得の申告において優遇措置を受けるには、開業届の提出が必要です。以下に個人事業の開業届出の手続き概要を記載します。

・概要：新たに事業を開始したとき、事業用の事務所・事業所を新設、増設、移転、廃止したときまたは事業を廃止したときの手続です。
・手続対象者：新たに事業所得など事業の開始等をした方
・開業届の提出時期：事業の開始等の事実があった日から1カ月以内に提出
・提出方法：届出書を作成し、納税地を所轄する税務署に持参又は送付により提出

詳細は、国税庁のWebページを参照ください。

https://www.nta.go.jp/taxes/tetsuzuki/shinsei/annai/shinkoku/annai/04.htm

個人事業主は、日本の税法上、12月31日を決算日として収支をまとめ、原則として翌年3月15日までに所得税の確定申告を行う必要があります。一般に個人事業主には所得税のほか、個人住民税、個人事業税及び消費税が課されます。

個人事業主は「白色申告」と「青色申告」の2種類の確定申告方法を選択できます。白色申告の方が手続きは簡単ですが、控除が受けられません。青色申告の場合は記帳手続きが多少面倒になりますが、青色申告特別控除など、さまざまなメリットを受けられます。青色申告を行う場合も、青色申告書による申告をしようとする年の3月15日までに開業届と同じく、届出書（青色申告承認申請手続）を作成し、納税地を所轄する税務署に持参または送付により提出が必要です。

また、そのほか事業内容によっては、必要な書類が出てくるため、疑問点は所轄の税務書に相談することをおすすめします。

個人事業主　開業届

税務署受付印

1 0 4 0

個人事業の開業・廃業等届出書

＿＿＿＿＿＿税務署長

＿＿年＿＿月＿＿日提出

納税地	○住所地・○居所地・○事業所等（該当するものを選択してください。） （〒　　　　） （TEL　　－　　－　　）		
上記以外の住所地・事業所等	納税地以外に住所地・事業所等がある場合は記載します。 （〒　－　　） （TEL　　－　　－　　）		
フリガナ 氏名	㊞	生年月日	○大正 ○昭和　年　月　日生 ○平成
個人番号			
職業		フリガナ 屋号	

個人事業の開廃業等について次のとおり届けます。

届出の区分 （該当する文字を○で囲んでください。）	開業（事業の引継ぎを受けた場合は、受けた先の住所・氏名を記載します。） 住所＿＿＿＿＿＿　氏名＿＿＿＿＿＿ 事務所・事業所の（○新設・○増設・○移転・○廃止） 廃業（事由） （事業の引継ぎ（譲渡）による場合は、引き継いだ（譲渡した）先の住所・氏名を記載します。）

出典：国税庁

青色申告承認請求

税務署受付印

1 0 9 0

所得税の青色申告承認申請書

＿＿＿＿＿＿税務署長

＿＿年＿＿月＿＿日提出

納税地	○住所地・○居所地・○事業所等（該当するものを選択してください。） （〒　－　　） （TEL　　－　　－　　）		
上記以外の住所地・事業所等	納税地以外に住所地・事業所等がある場合は記載します。 （〒　－　　） （TEL　　－　　－　　）		
フリガナ 氏名	㊞	生年月日	○大正 ○昭和　年　月　日生 ○平成
職業		フリガナ 屋号	

平成＿＿年分以後の所得税の申告は、青色申告書によりたいので申請します。

1　事業所又は所得の基因となる資産の名称及びその所在地（事業所又は資産の異なるごとに記載します。）

名称＿＿＿＿＿＿　所在地＿＿＿＿＿＿

名称＿＿＿＿＿＿　所在地＿＿＿＿＿＿

2　所得の種類（該当する事項を選択してください。）

出典：国税庁

POINT

◎開業届：事業を開始することを申請
◎青色申告承認申請：事業所得を青色申告で行う場合、申請
◎上記2つとも、納税地を所轄する税務署に持参または送付により提出

会社を作るには

ドローンで事業を行う場合で会社（法人）を作ることもできます。個人事業主と会社の違いは何でしょうか？

◩会社（法人）を設立するメリット・デメリット

会社（法人）は、個人事業主と比べて税金面や信用面でのメリットがあります。

税金面でのメリットは、個人の所得税と会社の法人税を比較すると、法人税は累進性が低いというメリットがあります。信用面のメリットは、個人事業主に比べて、法人の信用度は高くなります。企業によっては、法人としか取引しない企業もあります。また、保険を経費にできたり、赤字の繰越が個人より長かったりするなどのメリットがあります。

法人のデメリットは、開業・設立の際の手続き書類が個人事業主と比較して多く、設立の際の費用もかかります。また、毎年決算時の会計処理が複雑であり、税理士に依頼する場合がほとんどで、その費用もかかります。

◩会社を設立するには

個人事業主については、書類等の届出などの管轄は税務署であり管轄省庁は国税庁ですが、法人については法務局がその管轄省庁となります。設立時の手続き（登記）について、その提出先は法務局となります。登記手続きに際して必要な書類は、大きく「定款」と「登記申請書類」の2種類です。

「定款」とは通常、第1条の商号から始まり、第40条程度の項目を記載するものです。定款については、ただ作成して提出するだけではなく、公証役場での認証が必要です。「登記申請書類」については、登記申請書や就任承諾書、払込証明書などの一連の書類のことを言います。これは法務局に提出する書類のことを言います。

「定款」「登記申請書類」を揃えて法務局に提出することを登記と言います。提出した日付、すなわち登記日が法人の設立日となります。法的にはこの日付より法人が存在しますが、登記簿謄本を取得できるようになるまでには、法務局側の手続き期間としてさらに1週間程度かかります。この登記簿謄本がないと、通常の場合、契約や法人の銀行口座などが作成できないので、注意が必要です。登記後も、税務署や各税事務所への届出、事業内容により各種認可手続きなどさまざまな届出が必要です。

個人事業主と法人の違い

	個人事業主		法人	
開業・設立手続き、コスト	○	開業届や青色申告承認申請を出すだけ	×	定款作成・登記が必要
開業・設立コスト	○	0円	×	6～20万円
会計・経理手続き	○	個人の確定申告(簡単)	×	法人決算書・申告(税理士が必要なことが多い)
会計・経理コスト	○	無料の申告講習会などもあり	×	税理士費用
事業撤退時のコスト	○	なし	×	解散の登記に最低10万円程度
赤字の繰越	×	最長3年	○	最長9年
経費について	×	経費に認められる範囲が狭い	○	経費に認められる範囲が広い(経営者への給与や保険料等)
社会保険	×	会社負担分なし(5人未満の場合)	○	会社負担分あり
信用	×	低い	○	高い(取引相手、採用候補者)

会社設立のフロー

フロー	内容
会社概要の決定	事業内容を検討し、基本事項を決定する 社名、事業目的、所在地、資本金、発起人、役員、設立日、決算月など
↓	
商号・目的確認	法務局で類似商号、事業目的の適否などを確認
↓	
登記書類の作成	定款・登記書類の作成
必要準備の実施	会社印鑑作成、印鑑証明書の作成、資本金の払込
↓	
定款認証	公証人役場で定款記載内容が法律等で定められた通りの記載と証明をもらう
↓	
設立登記申請	法務局で会社設立登記申請 1週間ほどで「登記謄本」「印鑑証明書」の取得
↓	
会社設立後の届出	会社設立後3カ月以内に税務署等への届出をする 税務署：法人設立届 都道府県税事務所：事業開始届 事業により各種認可手続き

◎個人事業主と法人ではそれぞれメリットとデメリットある
◎法人の管轄省庁は法務局。提出書類は「定款」と「登記申請書類」

リスク管理とは何のこと?

ドローンの安全な運用のためにはリスクの管理が必要です。リスクの発生を極力なくすこと、リスク発生時に適切に対処することが、安全につながります。

◪リスクとは?安全とは?

ドローンの飛行には、乱気流や混信などさまざまな異常条件が生じることがあり、目的が達成できない場合や思わぬ事故につながる事態が想定されます。このような異常条件をリスクと呼びます。ではドローン運用における安全とはなんでしょうか。ここでの「安全」とは、社会が許容できるリスクレベルにリスクを抑え込んだ状態を保持し続けている状態と定義します。運用におけるリスクの発生を極力なくすこと、および万一リスクが発生した場合に適切に対処することがドローンの「安全」な運用にとって最も大事です。

「安全」を考えるうえでは、航空における安全の3原則が参考になります。

1. 機体の安全（開発・設計・製造・整備・耐空証明）
2. 操縦の安全（技能・訓練（ヒューマンエラー・エマージェンシー対応））
3. 運用体制の安全（管理体制・気象・リスクアセスメント）

これの3つの安全を総合的に捉え、リスクを極力抑え込むことが重要です。

◪リスクの管理

リスクの発生源（リスクハザード）は、ドローンの機体や操縦装置などの機械の故障や不具合に由来するもの、飛行計画の設定方法や操縦方法、操縦者の身体の状況など人に由来するもの、気流や天候の急変、障害物の突然の出現など外部環境に由来するものに大別されます。

リスクの発生源ごとに、想定されるリスクをチェックリストによって網羅し、その影響の度合いを想定しておくことをリスクアセスメントと言います。リスクアセスメントを事前に行うことで、リスクに対応する対応策を作ることができます。このような考えがリスク管理の基本です。

リスク管理は、ドローンの安全運行管理の基本となる重要な要素であり、事故データの分析や情報の共有をあわせてドローンの機体・操縦・運用体制に反映させ、改良や品質向上に反映させることとなります。リスクアセスメントのシートなどは、ドローンの運用経験を反映した、実際に使いやすいチェックリストの作成が関係者によって進められています。

リスク評価マトリックスの例

頻度＼結果	破局的な	重大な	軽微な	無視できる
頻繁に起こる	Ⅰ	Ⅰ	Ⅰ	Ⅰ
かなり起こる	Ⅰ	Ⅰ	Ⅱ	Ⅱ
たまに起こる	Ⅰ	Ⅱ	Ⅲ	Ⅲ
あまり起こらない	Ⅱ	Ⅲ	Ⅲ	Ⅳ
起こりそうにもない	Ⅲ	Ⅲ	Ⅳ	Ⅳ
信じられない	Ⅳ	Ⅳ	Ⅳ	Ⅳ

（JIS C 0508-5、附属書Cより）

リスク軽減の必要

Ⅰ：許容不可
Ⅱ：推奨できない
Ⅲ：許容可能（ただしコスト高の場合）――リスクとのトレードオフ
Ⅳ：無視可能

リスクアセスメントシートの標準例

表紙

対象機器名称		実施者	実施日
		（立案者、リーダー、チーム参加者、承認者等）	初回： （改訂履歴）
ライフサイクル該当段階		分析方法（ツール）	
使用上の制限	意図した使用	リスクの見積／評価基準 算出式 リスク点数(R)＝危害の酷さ(S)×危害の発生確率(Ph) 判定基準 3≦R≦6　十分低い／無視できる 7≦R≦14　低い～中程度／条件付き受容／検討を要する 15≦R≦44　高い／受容できない	
	合理的に予見できる誤使用		
	意図した空間／時間制限		

ここの内容を充実させることが重要（分析品質に関わる）

初期アセスメント

危険源同定						リスク見積			
段階	No.	危険源	危険状態／危険事象	想定危害	対象者	危害の酷さS	危害の発生確率Ph	リスク点数R	備考

POINT
◎事故につながる異常条件が「リスク」と言う
◎社会が許容できるまでリスクレベルを抑えることを「安全」と言う
◎リスク管理は、想定リスクごとに頻度や影響を評価し対策を講じること

6-7 どのようなビジネスがあるのか?

ますます成長するドローン市場。さまざまなサービスや事業が展開されています。

◩ドローンのビジネス市場

米国FAAが2018年に発表した予測によれば、小型ドローンの米国市場規模は2017年に11万機で、2022年には45万機と年間32.5%で増加するとしています。世界規模では2022年には数兆円になるとする予測もあります。

米国の国際無人機協会(AUVSI)は、無人航空機の経済効果は、2025年までに米国内だけでも累計で820億ドル(約9.8兆円)に及び、10万人以上の雇用を生み出すというレポートを発表しています。この試算は、既存の農業用途からの推定値で、今後のさまざまな用途開発次第では、市場はさらに大きくなる可能性があります。

一方、国内においては、インプレス総合研究所が毎年刊行されている調査レポート『ドローンビジネス調査報告書2018』(2018年4月刊行)があり、これによれば、2017年のドローンの市場規模(機体販売、サービス(ドローンを活用した業務提供)、周辺サービス(人材育成や保険、消耗品販売やメンテナンス))は、約503億円、3年後の2020年には1753億円と約3.5倍、5年後の2022年には2621億円と約5.2倍に成長すると予測されています。特に今後の市場では、ドローンを活用したサービス市場の成長が著しいと予測されています。

◩ドローンを活用したサービス

ドローンを活用したビジネス・サービスについて、従来産業用無人ヘリなどで行われてきた農薬散布や空中写真撮影などの分野では、一定の市場が形成されています。また、国土交通省や経済産業省、総務省が積極的にドローンの実証実験を後押ししたことで、点検や土木測量分野での活用が広まっています。点検においては民間設備、特に大規模なインフラ設備を持つ企業などは積極的にドローンの導入試験を進めており、ますます点検分野での活用が広まると考えられます。物流分野では、ドローン物流における課題(技術課題や法制度)があることから、現在までは実証実験が主体に進められてきました。今後は、各省庁などで検討されている人口集中地区外の目視外飛行のガイドライン、ルールが策定されることで、拠点間物流などに活用が広まることが予想されます。

世界の無人航空機システム市場の成長予測

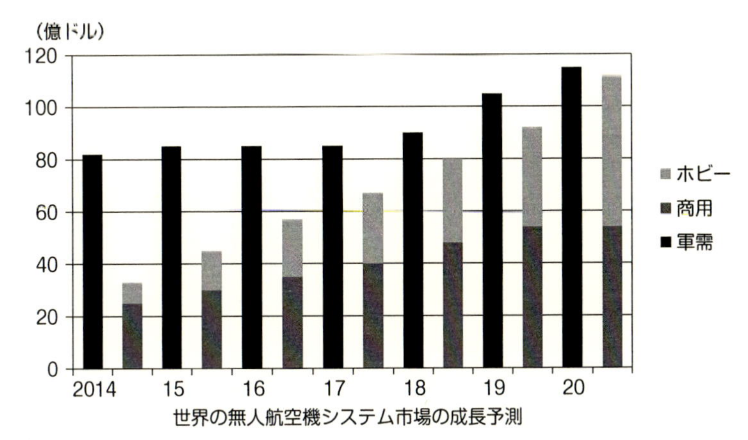

出典：FROST&SULLIVAN分析（2014年）「無人航空機システムの世界市場予測」を元に作成

無人航空機の利用分野別割合予測

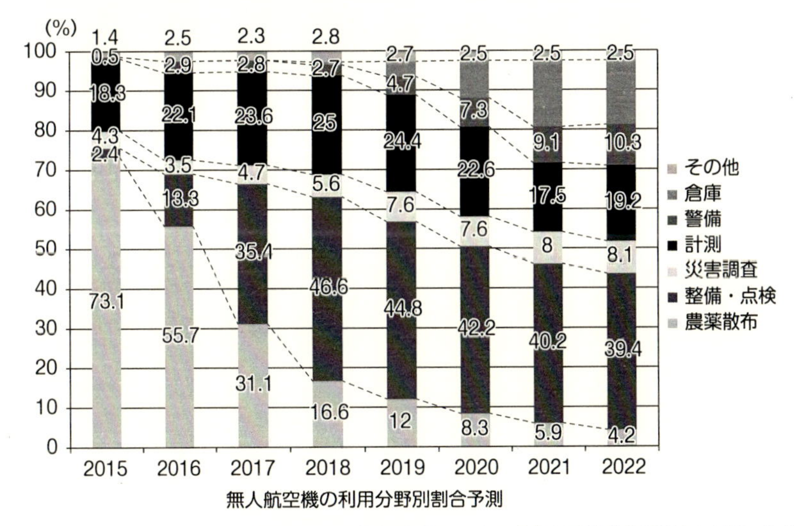

出典：シード・プランニング「産業用無人機（飛行機・ヘリ）の現状と用途別市場動向」を元に作成

POINT

◎ドローンの市場規模はサービス市場が牽引で成長を続ける
◎国内では各分野での実証が進み、技術・法制度ともに整備が進む
◎今後はサービス投資効果の高いサービスに注目が集まる

COLUMN 6

屋内を自動で飛ぶドローン

ドローンの活用が検討される中で、屋外のみではなく屋内でのドローン活用のニーズも多くなっています。しかし、屋内を自動で飛行するには、屋外での自動飛行とは異なる技術・検討が必要です。

ドローンは各種センサーで自らの姿勢と位置を把握し、姿勢を安定させたり、指定した位置まで移動する制御をフライトコントローラーで行っています。屋外では一般に市販されているドローンでも予め、位置や飛行方法をプログラムすることで自動飛行ができます。では屋内ではどうでしょうか。

屋外と屋内では周辺の環境条件が異なるため、まったく同じに機体ですぐに自動飛行することは困難です。以下に考慮すべき点の概要を記述します。

- 広さ：屋外と比べてドローンの余裕スペースがとれないため、高精度な制御が要求される。ドローン自らが起こす風の影響で姿勢が安定しにくい
- 位置把握：屋内では、衛星電波が届かない場所がほとんどであり、ドローンが位置の制御（定位置ホバリングや指定ルートの飛行）を行うには、別の位置把握のための手法ないし、センサーが必要
- 磁気：飛行エリアに金属などの物が多いと、ドローンのコンパスエラーなどが発生しやすい
- 電波：オフィスなどでは電波を発生する機器があると、ドローンに用いている電波が混信しやすい
- 障害物：屋外と比べて障害となる物が多い。飛行ルートなどによっては、衝突防止の目的で、別途センサーの搭載や位置制御のプログラムが必要

世界および日本においても、ドローンで屋内自動飛行を行うための研究開発、技術開発が盛んに進められています。

COLUMN 7

ドローン・ビジネスの可能性

第6章では、ドローンをビジネスにする際に知っておきたいことや準備について解説しました。ドローンは、近年急速に技術が発達してきましたが、自動車や産業用の機械などと比較してしまうと、飛行時間や耐候性能などの機体性能であったり、故障率などの信頼性、利用にあたっての法整備など、さまざまな課題が存在します。しかし、技術開発などはまだまだ発展・改良できるものであり、いずれは利用における課題も解決できるものと考えられます。

ドローン・ビジネスの可能性は、現状にあるさまざまな課題に縛られるものではありません。現状の課題やできないことばかりに注視し、ドローンの可能性を狭く捉えてしまうと、ビジネスの可能性・チャンスが狭く閉ざされたものになってしまいます。ドローンの可能性を大きく考えれば、新しいビジネス・サービスの可能性や機会も広がってくるのではないでしょうか。現状においても、有効なドローンの使い方は数多くあります。ドローンは手段の1つであり、トータルのサービスやソリューションとして、利用者にどのようなメリット、リターンがあるのかが重要です。

ドローンを用いたサービスやソリューションにおいては、導入コストに対してどのようなリターンがあるのかを考慮することが重要です。ドローンは飛行が可能なロボット、飛行ロボットとも言えます。今まで人が積極的に利用できていなかった空を自由に飛行し、人の代わりにさまざまな行動が可能な飛行ロボットと言えるでしょう。ロボットの強みとして、何度も同じことを行ったり、複数のロボット同士で連携するのも得意であり、適切な情報がロボットに与えられれば自己判断したうえで適切な行動をとることもできます。そこには、未だ誰も思いつかないような利用やビジネスが埋まっている可能性があります。

索　　引（五十音順）

あ　行

か　行

さ　行

た 行

な 行

は 行

ま 行

や 行

ら 行

数字・欧字

一般社団法人日本UAS産業振興協議会（JUIDA）

JUIDAは、日本の無人航空機システム（UAS）の、民生分野における積極的な利活用を推進し、UAS関連の新たな産業・市場の創造を行うとともに、UASの健全な発展に寄与することを目的とした中立、非営利法人として、2014年7月に設立されました。

国内外の研究機関、団体、関係企業と広く連携を図り、UASに関する最新情報を提供するとともに、さまざまな民生分野に最適なUASを開発できるような支援を行っています。

同時に、UASが安全で、社会的に許容されうる利用を実現するために、操縦技術、機体技術、管理体制、運用ルール等の研究を行うとともに政策提言を行っています。

JUIDAの主要活動

●操縦者・安全運航管理者養成スクールの認定と証明証の交付
●JUIDA試験飛行場の運営：つくば、けいはんな、大宮、那須塩原
●「JUIDA無人航空機安全ガイドライン」「JUIDA無人航空機物流ガイドライン」の策定
●JUIDA委員会／安全委員会、国際標準化等の委員会の設置・開催
●官民協議会等、政府委員会への参加
●JUIDA団体保険の制度設計・提供
●ドローン専用飛行支援地図サービス（SORAPASS）の開発・提供
●国際展示会・国際コンファレンスの開催：Japan Drone EXPO
●セミナー、シンポジウム、海外ドローンビジネス視察会等の開催
●各種プロジェクトおよび地方創生事業支援
　農林水産、物流、点検、新技術開発 等
●国際協力、国際連携
●国際標準化機構（ISO/TC20/SC16）会合・無人航空機システム（RPAS）国際会議・国際民間航空機関（ICAO）会合への参加
●国の機関への協力
●大学等教育機関との連携
●情報提供：ニュースレター／メールマガジンの発行

ホームページ：https://uas-japan.org/

●監修者略歴

鈴木　真二（すずき　しんじ）

1953年岐阜県生まれ。1979年東京大学大学院工学系研究科修士課程修了。(株)豊田中央研究所を経て、現在、東京大学名誉教授。東京大学 未来ビジョン研究センター 特任教授。工学博士。専門は航空工学。日本航空宇宙学会会長（第43期）。国際航空科学連盟（ICAS）理事など。著書に、『飛行機物語』（筑摩書房）、『現代航空論』（編集、東京大学出版会）、『落ちない飛行機への挑戦』（化学同人社）、「トコトンやさしいドローンの本」（監修／一般社団法人日本UAS産業振興協議会編、日刊工業新聞社）などがある。一般社団法人日本UAS産業振興協議会 理事長。

●著者略歴

千田　泰弘（せんだ　やすひろ）

1940年徳島県生まれ。1964年東京大学工学部電気工学科卒業。同年国際電信電話株式会社（KDD）入社。国際電話交換システム、データ交換システム等の研究開発後、ロンドン事務所長、テレハウスヨーロッパ社長、取締役歴任、1996年株式会社オーネット代表取締役就任。2000年にNASDA（現JAXA）宇宙用部品技術委員会委員、2012年一般社団法人国家ビジョン研究会理事、2013年一般社団法人JAC新鋭の匠理事。一般社団法人日本UAS産業振興協議会 副理事長。

岩田　拡也（いわた　かくや）

1969年岐阜県生まれ。1998年通商産業省工業技術院電子技術総合研究所入所。第16回電子材料シンポジウムEMS賞受賞、第12回応用物理学会講演奨励賞受賞。国立研究開発法人産業技術総合研究所知能システム研究部門、無人航空機研究開発開始。2007年日本機械学会交通・物流部門優秀講演表彰受賞。2008年に経済産業省製造産業局産業機械課にてロボット政策に従事。2009年以降「NIIGATA SKY PROJECT」の無人航空機開発を立ち上げる。

一般社団法人日本UAS産業振興協議会 常務理事。

熊田　貴之（くまだ　たかゆき）

1976年埼玉県生まれ。2004年日本大学大学院理工学研究科博士後期課程修了。博士（工学）。ブルーイノベーション株式会社 代表取締役社長。2012年6月ブルーイノベーション株式会社 代表取締役社長就任。一般社団法人日本UAS産業振興協議会との連携により、安全ガイドラインや認定資格の整備による業界振興に取り組む。国土交通省物流ポート連絡会委員、伊那市新産業技術推進協議会委員、JUIDA国際標準化委員、JUIDA物流ガイドライン作成作業部会委員。

酒井　和也（さかい　かずや）

1979年神奈川県生まれ。2004年日本大学大学院理工学研究科博士前期課程修了。

2008年ブルーイノベーション株式会社（旧 有限会社アイコムネット）入社。現在、同社ソリューションサービス部コンサルティングサービスチーム長。

柴﨑　誠（しばさき　まこと）

1981年埼玉県生まれ。2005年日本大学大学院理工学研究科博士前期課程修了。

2011年ブルーイノベーション株式会社（旧 有限会社アイコムネット）入社。現在、同社ソリューションサービス部パイロットサービスチーム長。

きちんと知りたい！
ドローンメカニズムの基礎知識　NDC 538

2018年 6 月 27 日　初版 1 刷発行
2022年 8 月 25 日　初版 8 刷発行　（定価は、カバーに表示してあります）

©監修者　鈴　木　真　二
©編　者　(一社)日本UAS産業振興協議会
発行者　井　水　治　博
発行所　日　刊　工　業　新　聞　社
東京都中央区日本橋小網町 14-1
（郵便番号　103-8548）
電　話　書籍編集部　03-5644-7490
販売・管理部　03-5644-7410
ＦＡＸ　03-5644-7400
振替口座　00190-2-186076
URL　https://pub.nikkan.co.jp/
e-mail　info@media.nikkan.co.jp

印刷・製本　新日本印刷（POD3）

落丁・乱丁本はお取り替えいたします。　2018 Printed in Japan
ISBN978-4-526-07848-4